Desalegn Amenu
Ayantu Nugusa

Biotecnologia

Desalegn Amenu
Ayantu Nugusa

Biotecnologia

Fundamentos da Biotecnologia: Princípios e Aplicações

ScienciaScripts

Imprint

Any brand names and product names mentioned in this book are subject to trademark, brand or patent protection and are trademarks or registered trademarks of their respective holders. The use of brand names, product names, common names, trade names, product descriptions etc. even without a particular marking in this work is in no way to be construed to mean that such names may be regarded as unrestricted in respect of trademark and brand protection legislation and could thus be used by anyone.

Cover image: www.ingimage.com

This book is a translation from the original published under ISBN 978-620-7-84312-1.

Publisher:
Sciencia Scripts
is a trademark of
Dodo Books Indian Ocean Ltd. and OmniScriptum S.R.L publishing group

120 High Road, East Finchley, London, N2 9ED, United Kingdom
Str. Armeneasca 28/1, office 1, Chisinau MD-2012, Republic of Moldova, Europe
Printed at: see last page
ISBN: 978-620-7-93085-2

2024

Prefácio

A biotecnologia está na vanguarda da inovação científica, oferecendo soluções transformadoras nos domínios dos cuidados de saúde, da agricultura, da indústria e da gestão ambiental. Este livro, *Fundamentos da Biotecnologia,* tem como objetivo apresentar os princípios, técnicas e aplicações essenciais que definem este domínio dinâmico e interdisciplinar.

O percurso da biotecnologia, desde os antigos processos de fermentação até à moderna engenharia genética, reflecte o engenho e a curiosidade que impulsionam o progresso humano. Atualmente, a biotecnologia é essencial para os avanços na medicina, permitindo o desenvolvimento de medicamentos que salvam vidas, terapias personalizadas e novas ferramentas de diagnóstico. Na agricultura, as inovações biotecnológicas aumentam o rendimento das colheitas, melhoram o valor nutricional e contribuem para práticas agrícolas sustentáveis. A biotecnologia industrial revoluciona os processos de fabrico, promovendo a produção de produtos químicos, materiais e combustíveis de base biológica. A biotecnologia ambiental oferece estratégias promissoras para o controlo da poluição, a gestão de resíduos e a recuperação de ecossistemas.

Este livro está estruturado de forma a guiar os estudantes através dos conceitos fundamentais e dos desenvolvimentos de ponta em biotecnologia. Começamos com uma exploração do âmbito e significado da biotecnologia, destacando o seu contexto histórico e relevância contemporânea. Em seguida, o texto aprofunda a comparação entre a biotecnologia clássica e a moderna, ilustrando a evolução das técnicas e as suas diversas aplicações.

Uma parte significativa do livro é dedicada às ferramentas e técnicas que sustentam a tecnologia do ADN recombinante. Os capítulos detalhados abrangem a construção e a manipulação de ADN recombinante, a criação de bibliotecas de ADN e os métodos de introdução de ADN recombinante em células hospedeiras. Além disso, discutimos as várias estratégias para identificar e selecionar recombinantes, dando ênfase aos aspectos práticos da engenharia genética.

Para além dos conhecimentos técnicos, este manual aborda as considerações éticas e regulamentares que acompanham os avanços biotecnológicos. A aplicação responsável da biotecnologia exige uma compreensão das implicações sociais, das preocupações com a segurança e dos dilemas éticos que surgem neste domínio. Ao incorporar estas discussões, o nosso objetivo é promover uma perspetiva holística entre estudantes e profissionais.

Fundamentals of Biotechnology foi concebido para estudantes de licenciatura e pós-graduação, bem como para profissionais que procuram uma compreensão completa dos princípios e aplicações da biotecnologia. O texto é enriquecido com figuras ilustrativas, exemplos do mundo real e estudos de caso para melhorar a compreensão e o envolvimento. Cada capítulo é concluído com perguntas de revisão e leituras sugeridas para incentivar uma maior exploração e pensamento crítico.

O domínio da biotecnologia está em constante evolução, com novas descobertas e inovações a moldar continuamente a sua paisagem. Como tal, este manual também tem como objetivo inspirar a curiosidade e incentivar a aprendizagem ao longo da vida. Ao dotar os leitores de uma base sólida e de uma perspetiva de futuro, esperamos contribuir para o desenvolvimento de futuros biotecnólogos que impulsionarão a próxima vaga de avanços científicos e tecnológicos.

Estendemos a nossa gratidão aos investigadores, educadores e estudantes cujas contribuições e comentários foram inestimáveis para a criação deste manual. Esperamos que *Fundamentos de Biotecnologia* sirva como um recurso valioso, orientando e inspirando a próxima geração de biotecnólogos em sua busca por conhecimento e inovação.

Índice

1. INTRODUÇÃO

A biotecnologia, na sua essência, é a intersecção da biologia e da tecnologia, aproveitando os processos celulares e biomoleculares para desenvolver tecnologias e produtos que ajudam a melhorar as nossas vidas e a saúde do nosso planeta. Este domínio é vasto, dinâmico e está em rápida evolução, oferecendo soluções inovadoras em vários sectores, como os cuidados de saúde, a agricultura, a indústria e a gestão ambiental.

Perspetiva histórica

As raízes da biotecnologia remontam a milhares de anos atrás, às primeiras práticas agrícolas e às técnicas de fermentação usadas para fazer pão, queijo e vinho. No entanto, foi o advento da biologia molecular e da engenharia genética no século XX que revolucionou verdadeiramente a biotecnologia, transformando-a numa ferramenta poderosa e versátil. Marcos como a descoberta da estrutura do ADN, o desenvolvimento da tecnologia do ADN recombinante e a conclusão do Projeto Genoma Humano abriram caminho para avanços e aplicações inovadoras.

Âmbito e significado

A biotecnologia engloba uma vasta gama de disciplinas, incluindo a biologia molecular, a genética, a bioquímica, a microbiologia e a bioinformática. Envolve a manipulação de organismos vivos ou dos seus componentes para produzir produtos úteis, melhorar processos existentes ou resolver problemas biológicos complexos. As aplicações da biotecnologia são diversas e de grande alcance:

1. **Cuidados de saúde**: A biotecnologia levou ao desenvolvimento de medicamentos, vacinas e ferramentas de diagnóstico que salvam vidas. Técnicas como a terapia genética, a investigação em células estaminais e a medicina personalizada são promissoras no tratamento de doenças anteriormente incuráveis e na melhoria dos resultados dos doentes.

2. **Agricultura**: As culturas geneticamente modificadas com maior rendimento, resistência às pragas e valor nutricional estão a responder aos desafios globais da segurança alimentar. A biotecnologia também desempenha um papel crucial na criação de animais e na produção de biofertilizantes e biopesticidas.

3. **Indústria**: A biotecnologia industrial utiliza microorganismos e enzimas para produzir biocombustíveis, bioplásticos e outros materiais sustentáveis. Esta mudança para métodos de produção de base biológica está a reduzir o impacto ambiental dos processos de fabrico tradicionais.

4. **Gestão ambiental**: As abordagens biotecnológicas estão a ser utilizadas para limpar ambientes contaminados através da bioremediação, gerir os resíduos de forma mais eficaz e desenvolver práticas sustentáveis para a conservação dos recursos.

Desafios e direcções futuras

Apesar do seu imenso potencial, a biotecnologia enfrenta vários desafios. As preocupações éticas, os obstáculos regulamentares e a perceção do público são questões importantes que têm de ser abordadas. É fundamental garantir a utilização segura e responsável das inovações biotecnológicas.

Olhando para o futuro, o futuro da biotecnologia é incrivelmente promissor. Os avanços nas tecnologias de edição do genoma, como a CRISPR-Cas9, a biologia sintética e a biologia de sistemas estão a abrir novas fronteiras. A integração da inteligência artificial e da análise de grandes volumes de dados está a acelerar ainda mais a investigação e o desenvolvimento, permitindo soluções mais precisas e eficientes.

1.1. Definição de biotecnologia fundamental

A biotecnologia fundamental refere-se aos princípios, técnicas e processos científicos básicos utilizados para manipular organismos vivos ou os seus componentes para aplicações práticas. Engloba uma vasta gama de actividades que aproveitam os sistemas biológicos, as células e as moléculas para desenvolver produtos e tecnologias que melhoram a qualidade da vida humana e a saúde do planeta. A biotecnologia fundamental estabelece as bases para várias aplicações avançadas em domínios como a medicina, a agricultura, a indústria e a gestão ambiental.

Aspectos-chave da biotecnologia fundamental

1. **Biologia celular e molecular**:

Compreender a estrutura e a função das células, as unidades básicas da vida.

Estudar os mecanismos moleculares que controlam a função celular, incluindo a síntese de ADN, ARN e proteínas.

2. **Engenharia genética**:

Técnicas de alteração do material genético dos organismos para obter as características desejadas.

Tecnologia de ADN recombinante, que consiste em combinar ADN de diferentes fontes numa única molécula para criar novas combinações genéticas.

3. **Biotecnologia microbiana**:

Utilização de microorganismos como bactérias, leveduras e fungos para a produção de antibióticos, enzimas e outros produtos de base biológica.

Tecnologia de fermentação, que utiliza processos microbianos para produzir alimentos, bebidas e biocombustíveis.

4. **Biotecnologia vegetal e animal**:

Desenvolvimento de plantas e animais geneticamente modificados com características melhoradas, tais como resistência a doenças, taxas de crescimento mais elevadas ou maior valor nutricional.

Técnicas como a cultura de tecidos, a clonagem e a tecnologia transgénica.

5. **Bioprocessamento e biofabricação**:

Transformação de processos laboratoriais em produção industrial.

Utilização de bioreactores e outros equipamentos para cultivar células ou microrganismos e produzir produtos biológicos.

6. **Bioinformática**:

Aplicação de ferramentas computacionais para gerir e analisar dados biológicos.

Apoio à investigação genómica, à análise da estrutura das proteínas e à compreensão de sistemas biológicos complexos.

Aplicações da biotecnologia fundamental

1. **Cuidados de saúde**:

Desenvolvimento de novos produtos farmacêuticos, vacinas e instrumentos de diagnóstico.

Terapia génica e medicina regenerativa.

2. **Agricultura**:

Criação de culturas geneticamente modificadas com melhores rendimentos, conteúdo nutricional e resistência a pragas e doenças.

Desenvolvimento de fertilizantes e pesticidas de base biológica.

3. **Indústria**:

Produção de produtos químicos, materiais e fontes de energia de base biológica.

Utilização de enzimas em processos industriais para aumentar a eficiência e reduzir o impacto ambiental.

4. **Gestão ambiental**:

Técnicas de biorremediação para limpar ambientes poluídos utilizando microrganismos.

Desenvolvimento de processos sustentáveis de gestão e reciclagem de resíduos.

Conclusão

A biotecnologia fundamental constitui a espinha dorsal do domínio mais vasto da biotecnologia, fornecendo os conhecimentos e ferramentas essenciais necessários para aproveitar os sistemas biológicos para soluções inovadoras. Ao compreender e manipular os elementos constitutivos da vida, a biotecnologia fundamental impulsiona o progresso em múltiplos sectores, contribuindo para avanços que melhoram o bem-estar da sociedade e a sustentabilidade do ambiente.

1.2. Âmbito e importância da biotecnologia

A biotecnologia, enquanto domínio interdisciplinar, integra as ciências biológicas com a engenharia e a tecnologia para manipular organismos vivos, células e biomoléculas para desenvolver novos produtos e processos. O seu âmbito é vasto e está em constante expansão, influenciando vários sectores, incluindo os cuidados de saúde, a agricultura, a indústria e a gestão ambiental. A importância da biotecnologia reside no seu potencial para resolver alguns dos desafios mais prementes que a humanidade enfrenta atualmente, desde a erradicação de doenças à gestão sustentável de recursos.

Âmbito da biotecnologia

1. **Cuidados de saúde e medicina**:

   Desenvolvimento de medicamentos: A biotecnologia permite o desenvolvimento de novos medicamentos, incluindo produtos biofarmacêuticos como anticorpos monoclonais, vacinas e proteínas terapêuticas. Técnicas como a tecnologia do ADN recombinante e a cultura de células são fundamentais para a produção destes produtos biológicos.

   Terapia genética: Esta abordagem revolucionária trata as doenças genéticas através da correção de genes defeituosos, oferecendo potenciais curas para doenças que anteriormente não podiam ser tratadas.

   Diagnóstico: Os métodos biotecnológicos avançados melhoram a precisão e a rapidez do diagnóstico, facilitando a deteção precoce e o tratamento de doenças. Os exemplos incluem a reação em cadeia da polimerase (PCR) e a sequenciação de nova geração (NGS).

   Medicina regenerativa: A investigação em células estaminais e a engenharia de tecidos prometem avanços na regeneração de tecidos e órgãos danificados, afectando significativamente os tratamentos médicos e os transplantes.

2. **Agricultura**:

Organismos Geneticamente Modificados (OGM): A biotecnologia aumenta o rendimento das culturas, o valor nutricional e a resistência a pragas e doenças através da modificação genética. Os OGM são cruciais para garantir a segurança alimentar e combater a subnutrição.

Biopesticidas e biofertilizantes: Estas alternativas ecológicas aos pesticidas e fertilizantes químicos promovem práticas agrícolas sustentáveis e reduzem a pegada ecológica da agricultura.

Biotecnologia animal: Técnicas como a engenharia genética e a clonagem melhoram a produtividade e a saúde do gado, apoiando o desenvolvimento de raças de animais resistentes a doenças e de elevado rendimento.

3. **Biotecnologia industrial**:

Biocombustíveis e bioquímicos: Os microrganismos e as enzimas são aproveitados para produzir biocombustíveis (por exemplo, etanol e biodiesel) e bioquímicos, proporcionando alternativas sustentáveis aos combustíveis fósseis e aos produtos petroquímicos.

Bioprocessamento: A biotecnologia industrial optimiza os processos de produção de enzimas, antibióticos, vitaminas e outros produtos biológicos valiosos, aumentando a eficiência e reduzindo os resíduos.

Bioplásticos: O desenvolvimento de plásticos biodegradáveis a partir de recursos renováveis atenua a poluição por plásticos e contribui para uma economia circular.

4. **Biotecnologia ambiental**:

Biorremediação: Os microrganismos são utilizados para limpar ambientes contaminados, como derrames de petróleo, poluição por metais pesados e águas residuais, restabelecendo o equilíbrio ecológico.

Gestão de resíduos: A biotecnologia oferece soluções inovadoras para o tratamento e reciclagem de resíduos, incluindo a conversão de resíduos orgânicos em biogás e composto.

Conservação: As técnicas genéticas e moleculares ajudam na conservação de espécies ameaçadas e da biodiversidade, apoiando os esforços de preservação e recuperação de ecossistemas.

Importância da biotecnologia

1. **Enfrentar os desafios da saúde**: A biotecnologia desempenha um papel fundamental no combate às doenças através do desenvolvimento de tratamentos inovadores, vacinas e ferramentas de diagnóstico, melhorando, em última análise, os resultados da saúde e a esperança de vida a nível mundial.

2. **Garantir a segurança alimentar**: Com o aumento da população mundial, a biotecnologia fornece ferramentas essenciais para aumentar a produtividade agrícola, melhorar a qualidade nutricional e desenvolver culturas resistentes às alterações climáticas e aos factores de stress ambiental.

3. **Desenvolvimento sustentável**: Ao oferecer alternativas ecológicas aos processos industriais convencionais, a biotecnologia contribui para o desenvolvimento sustentável, reduzindo a dependência de recursos não renováveis e minimizando o impacto ambiental.

4. **Crescimento económico**: A indústria biotecnológica impulsiona o crescimento económico através da criação de produtos de elevado valor, gerando oportunidades de emprego e promovendo a inovação e o avanço tecnológico.

5. **Implicações éticas e sociais**: A biotecnologia levanta também importantes considerações éticas e sociais, incluindo a utilização responsável da engenharia genética, a bioética na investigação e o

acesso equitativo às inovações biotecnológicas. A abordagem destas questões é crucial para o avanço sustentável e ético deste domínio.

2. BIOTECNOLOGIA CLÁSSICA VS BIOTECNOLOGIA MODERNA

Biotecnologia clássica vs. moderna

A biotecnologia, enquanto disciplina científica, tem evoluído significativamente ao longo do tempo. Pode ser classificada, em termos gerais, em biotecnologia clássica (tradicional) e biotecnologia moderna. Ambas as formas utilizam processos, organismos ou sistemas biológicos, mas diferem em termos de técnicas, aplicações e impactos.

Biotecnologia clássica

A biotecnologia clássica refere-se às técnicas tradicionais que têm sido utilizadas durante séculos, ou mesmo milénios, na agricultura, na produção de alimentos e na medicina. Baseia-se em processos naturais e na reprodução selectiva para alcançar os resultados desejados.

1. **Técnicas**:

Fermentação: A utilização de microrganismos, como leveduras e bactérias, para produzir alimentos e bebidas como pão, queijo, iogurte, cerveja e vinho. Este processo tem sido utilizado há milhares de anos.

Reprodução selectiva: O processo de reprodução de plantas e animais para características específicas. Este método tem sido utilizado há séculos para aumentar o rendimento das culturas, a qualidade do gado e as características dos animais domesticados.

Reprodução tradicional de plantas: Cruzamento de plantas para produzir híbridos com características desejáveis, tais como resistência a doenças ou maior rendimento.

2. **Aplicações**:

Agricultura: Melhorar as variedades de culturas e as raças de gado através da reprodução selectiva.

Produção de alimentos: Utilização da fermentação para produzir uma vasta gama de alimentos e bebidas.

Medicina: As primeiras utilizações da biotecnologia na medicina incluem a produção de antibióticos através de processos de fermentação e o desenvolvimento de vacinas utilizando organismos naturais.

3. **Impacto**:

A biotecnologia clássica tem tido um impacto profundo na civilização humana, contribuindo para a segurança alimentar, a saúde e o desenvolvimento de várias indústrias.

Biotecnologia moderna

A biotecnologia moderna envolve técnicas mais avançadas, baseadas principalmente na biologia molecular e na engenharia genética. Permite a manipulação precisa do material genético para criar características específicas e muitas vezes inéditas.

1. **Técnicas**:

Tecnologia de ADN recombinante: A junção de moléculas de ADN de diferentes organismos e a sua inserção num organismo hospedeiro para produzir novas combinações genéticas. Esta técnica é fundamental na engenharia genética.

CRISPR-Cas9: Uma tecnologia revolucionária de edição de genes que permite alterações precisas e direccionadas no ADN de organismos vivos. Transformou a investigação e as aplicações genéticas.

Reação em cadeia da polimerase (PCR): Uma técnica para amplificar pequenos segmentos de ADN, tornando possível analisar o material genético em pormenor.

Clonagem de genes: Criação de cópias de genes ou segmentos de ADN para estudar as suas funções ou produzir proteínas desejadas.

Biologia sintética: Projetar e construir novas partes, dispositivos e sistemas biológicos que não existem no mundo natural.

2. **Aplicações**:

Cuidados de saúde: Desenvolvimento de produtos biofarmacêuticos, terapia genética, medicina personalizada e diagnósticos avançados. Por exemplo, produção de insulina através de tecnologia de ADN recombinante.

Agricultura: Criação de organismos geneticamente modificados (OGM) com características como resistência a pragas, tolerância a herbicidas e melhor conteúdo nutricional.

Biotecnologia ambiental: Utilização de microrganismos geneticamente modificados para bioremediação, controlo da poluição e gestão sustentável dos resíduos.

Biotecnologia industrial: Produção de biocombustíveis, bioplásticos e enzimas industriais através de fermentação microbiana e outros processos biotecnológicos.

Impacto:

A biotecnologia moderna revolucionou a medicina, a agricultura e a indústria, conduzindo a avanços significativos na saúde, na segurança alimentar e na sustentabilidade ambiental.

Levantou importantes questões éticas, jurídicas e sociais, nomeadamente no que diz respeito aos OGM, à edição de genes e ao potencial de consequências indesejadas.

Comparação entre a biotecnologia clássica e a moderna

Aspect	Classical Biotechnology	Modern Biotechnology
Techniques	Fermentation, selective breeding, traditional plant breeding	Recombinant DNA technology, CRISPR-Cas9, PCR, gene cloning, synthetic biology
Applications	Agriculture, food production, early medicine	Healthcare, agriculture, environmental management, industrial production
Precision	Relatively imprecise, relies on natural processes	Highly precise, allows for targeted genetic modifications
Time Frame	Techniques developed over centuries	Rapid advancements, particularly in the last few decades
Ethical Considerations	Generally fewer ethical concerns	Significant ethical, legal, and social implications
Regulation	Traditional practices with established regulatory frameworks	Emerging technologies with evolving regulatory landscapes

3. TECNOLOGIA DE ADN RECOMBINANTE

3.1.   Ferramentas da tecnologia de ADN recombinante

A tecnologia do ADN recombinante, também conhecida como engenharia genética, envolve a manipulação do ADN para criar novas combinações genéticas com valor para a investigação, a medicina, a agricultura e a indústria. Esta tecnologia baseia-se num conjunto de ferramentas e técnicas específicas que permitem aos cientistas cortar, juntar e replicar moléculas de ADN. Eis algumas das principais ferramentas utilizadas na tecnologia do ADN recombinante:

1. Enzimas de restrição (endonucleases de restrição):

Estas enzimas actuam como tesouras moleculares, cortando o ADN em sequências específicas conhecidas como locais de restrição. Cada enzima de restrição reconhece uma sequência única, permitindo um corte preciso do ADN.

Exemplo: A EcoRI corta a sequência GAATTC, criando extremidades pegajosas que facilitam a união de fragmentos de ADN de diferentes origens.

2. DNA Ligase:

Uma enzima que une fragmentos de ADN através da formação de ligações fosfodiéster entre as espinhas dorsais de açúcar-fosfato. Este processo é essencial para a criação de moléculas de ADN recombinante.

Exemplo: A T4 DNA ligase é normalmente utilizada para unir fragmentos de ADN na clonagem molecular.

3. Vectores:

Moléculas de ADN que transportam ADN estranho para uma célula hospedeira. Os vectores são essenciais para a clonagem e a expressão dos genes inseridos.

Tipos de vectores:

Plasmídeos: Pequenas moléculas circulares de ADN utilizadas principalmente na transformação de bactérias.

Bacteriófagos (fagos): Vírus que infectam bactérias, utilizados para clonar fragmentos maiores de ADN.

Cromossomas artificiais de levedura (YACs): Vectores que podem transportar inserções de ADN muito grandes e replicar-se em células de levedura.

Cromossomas artificiais bacterianos (BACs): Vectores utilizados para clonar grandes fragmentos de ADN em bactérias.

4. **Reação em cadeia da polimerase (PCR)**:

Uma técnica utilizada para amplificar sequências de ADN específicas, produzindo milhões de cópias de um segmento de ADN alvo.

Envolve ciclos repetidos de desnaturação (aquecimento), recozimento (arrefecimento para permitir a ligação dos primers) e extensão (síntese de ADN por uma polimerase de ADN).

A PCR é crucial para criar quantidades suficientes de ADN para posterior manipulação e análise.

5. **Polimerases de ADN**:

Enzimas que sintetizam moléculas de ADN a partir de desoxirribonucleótidos, os blocos de construção do ADN. São essenciais para a replicação do ADN e para a PCR.

Exemplo: A Taq polimerase, derivada da bactéria termofílica Thermus aquaticus, é amplamente utilizada na PCR devido à sua estabilidade térmica.

6. Transcriptase reversa:

Uma enzima que sintetiza DNA complementar (cDNA) a partir de um modelo de RNA. É útil para clonar genes eucarióticos, que frequentemente contêm intrões, criando cDNA sem intrões a partir de mRNA.

7. Eletroforese em gel:

Uma técnica utilizada para separar fragmentos de ADN com base no seu tamanho e carga. As amostras de ADN são colocadas numa matriz de gel e sujeitas a um campo elétrico, fazendo com que os fragmentos mais pequenos migrem mais rapidamente do que os maiores.

Esta técnica permite a visualização e a purificação de fragmentos de ADN.

8. Sondas de hibridação:

Moléculas curtas de ADN ou ARN de cadeia simples marcadas com uma etiqueta radioactiva ou fluorescente. São utilizadas para detetar a presença de sequências complementares numa amostra através de hibridação.

9. Clonagem de genes:

O processo de fazer múltiplas cópias de um gene ou segmento de ADN inserindo-o num vetor, que é depois introduzido numa célula hospedeira (por exemplo, uma bactéria). As células hospedeiras replicam-se, produzindo muitas cópias do ADN recombinante.

10. **Sistemas de expressão**:

Sistemas utilizados para produzir proteínas codificadas por ADN recombinante. Incluem células hospedeiras (como bactérias, leveduras ou células de mamíferos) e os elementos reguladores necessários para garantir a expressão correcta do gene inserido.

11. **Marcadores seleccionáveis**:

Genes introduzidos numa célula hospedeira juntamente com o gene de interesse para facilitar a identificação de recombinantes bem sucedidos. Os marcadores seleccionáveis comuns conferem resistência aos antibióticos ou produzem um sinal detetável (por exemplo, GFP - Green Fluorescent Protein).

12. **Genes de referência**:

Genes que codificam proteínas facilmente mensuráveis, utilizadas para estudar a expressão e a regulação dos genes. Exemplos comuns incluem a GFP, a luciferase e a β-galactosidase.

Estas ferramentas, quando utilizadas em combinação, permitem aos cientistas manipular o ADN com precisão, criando moléculas recombinantes que podem ser clonadas, expressas e estudadas para várias aplicações. O desenvolvimento e o aperfeiçoamento destas ferramentas revolucionaram a biotecnologia, conduzindo a avanços significativos na medicina, na agricultura e na indústria.

3.2 Produção de ADN recombinante

A tecnologia de ADN recombinante envolve a criação de uma nova molécula de ADN através da combinação de material genético de duas ou mais fontes diferentes. Este processo permite aos cientistas estudar genes, produzir proteínas e desenvolver organismos geneticamente modificados para várias aplicações. Segue-se um guia passo-a-passo sobre como é feito o ADN recombinante:

1. Isolamento do ADN:

O primeiro passo envolve a extração de ADN do(s) organismo(s) de interesse. Para o efeito, podem ser utilizados vários métodos químicos e enzimáticos para abrir as células e isolar o ADN.

2. Corte de ADN com enzimas de restrição:

O ADN isolado é então cortado em fragmentos mais pequenos utilizando enzimas de restrição (endonucleases de restrição). Cada enzima de restrição reconhece e corta o ADN numa sequência específica, conhecida como sítio de restrição.

Os cortes podem criar "sticky ends" (extremidades salientes) ou "blunt ends" (cortes rectos). As extremidades pegajosas são frequentemente preferidas porque podem recozer facilmente com sequências complementares.

3. Preparação do vetor:

Um vetor (como um plasmídeo) é também cortado com a mesma enzima de restrição para criar extremidades adesivas complementares. Os vectores são moléculas de ADN que podem transportar o ADN estranho para uma célula hospedeira e replicar-se no seu interior.

Os plasmídeos, os bacteriófagos e os cromossomas artificiais (YACs e BACs) são vectores normalmente utilizados.

4. **Ligação de fragmentos de ADN**:

Os fragmentos de ADN (inserto) e o vetor de corte são misturados. As extremidades pegajosas dos fragmentos de ADN e do vetor ligam-se uma à outra devido ao emparelhamento de bases complementares.

A ADN ligase é então adicionada à mistura para selar os cortes na espinha dorsal açúcar-fosfato, formando uma molécula de ADN recombinante contínua e estável.

5. **Transformação de células hospedeiras**:

O ADN recombinante é introduzido numa célula hospedeira (como uma bactéria) através de um processo denominado transformação. Este processo pode ser efectuado através de vários métodos:

Transformação química: As células hospedeiras são tratadas com cloreto de cálcio para tornar as suas membranas mais permeáveis, permitindo a absorção do ADN recombinante.

Electroporação: É aplicado um campo elétrico para criar poros temporários na membrana celular através dos quais o ADN recombinante pode entrar.

No caso das células eucarióticas, podem ser utilizados métodos como a microinjecção, a transferência mediada por lipossomas ou vectores virais.

6. **Seleção de células recombinantes**:

Nem todas as células hospedeiras aceitam o ADN recombinante. Por conseguinte, é utilizado um processo de seleção para identificar e isolar as células que foram transformadas com êxito.

Os genes marcadores seleccionáveis (por exemplo, genes de resistência a antibióticos) presentes no vetor permitem a seleção de células transformadas, cultivando-as em meios selectivos que contêm o antibiótico. Apenas as células com o ADN recombinante sobreviverão e crescerão.

7. Rastreio e confirmação:

As células transformadas são posteriormente analisadas para confirmar a presença e a correção do ADN recombinante. As técnicas de rastreio mais comuns incluem:

PCR de colónia: A PCR é utilizada para amplificar e verificar a presença da inserção nas colónias transformadas.

Análise de digestão de restrição: Os plasmídeos isolados das colónias transformadas são cortados com enzimas de restrição e analisados por eletroforese em gel para verificar o tamanho correto da inserção.

Sequenciação: A sequenciação do ADN é utilizada para verificar a sequência exacta do ADN inserido.

8. Expressão de genes recombinantes:

Se o objetivo é produzir uma proteína, o ADN recombinante deve ser expresso na célula hospedeira. Para tal, é necessário assegurar que a inserção está sob o controlo de um promotor adequado que possa conduzir à sua expressão no organismo hospedeiro.

Os sistemas de expressão são utilizados para produzir e purificar a proteína pretendida, que pode depois ser utilizada para outras investigações ou aplicações.

Em resumo, a produção de ADN recombinante envolve o isolamento e o corte de ADN, a sua ligação a um vetor, a transformação de células hospedeiras e a seleção e rastreio de recombinantes bem sucedidos. Esta tecnologia é fundamental para a biotecnologia moderna, permitindo avanços na medicina, na agricultura e na indústria.

Biblioteca de ADN

Uma biblioteca de ADN é uma coleção de fragmentos de ADN que foram clonados em vectores para que os investigadores possam identificar e isolar genes específicos de interesse. As bibliotecas de ADN são ferramentas essenciais em biologia molecular e genética, fornecendo um meio de armazenar e organizar material genético para investigação e várias aplicações. Existem dois tipos principais de bibliotecas de ADN: bibliotecas genómicas e bibliotecas de cDNA.

1. Biblioteca genómica

Uma biblioteca genómica contém fragmentos de ADN que representam o genoma completo de um organismo. Isto inclui regiões de ADN codificantes (exões) e não codificantes (intrões, sequências reguladoras).

Criação de uma biblioteca genómica:

1. Isolamento do ADN genómico:

Extrair o ADN das células do organismo em causa.

2. Fragmentação:

Cortar o ADN genómico em fragmentos mais pequenos utilizando enzimas de restrição ou cisalhamento mecânico. Idealmente, os fragmentos devem ser suficientemente grandes para conter genes inteiros mas suficientemente pequenos para serem inseridos em vectores.

3. Ligação em vectores:

Ligar os fragmentos de ADN a vectores de clonagem adequados, tais como plasmídeos, bacteriófagos ou cromossomas artificiais bacterianos (BAC).

4. Transformação:

Introduzir os vectores recombinantes em células hospedeiras (normalmente bactérias) através de transformação, criando uma coleção de clones bacterianos, cada um contendo um fragmento diferente do genoma do organismo.

5. Armazenamento e triagem:

Armazenar as células transformadas, cada uma com uma parte diferente do ADN genómico, para formar a biblioteca genómica.

Examinar a biblioteca para identificar e isolar clones que contenham genes ou sequências de interesse. Isto pode ser feito utilizando técnicas de hibridação com sondas marcadas, PCR ou sequenciação.

2. Biblioteca de cDNA

Uma biblioteca de cDNA representa as transcrições de mRNA expressas num determinado tecido ou tipo de célula num momento específico. É uma coleção de moléculas de ADN complementar (ADNc) sintetizadas a partir de ARNm, representando apenas os genes expressos (exões).

Criação de uma biblioteca de cDNA:

1. Isolamento do ARNm:

Extrair o ARN total do tecido ou células de interesse e purificar o ARNm. A seleção da cauda poli-A utilizando colunas de oligo(dT) é um método comum para isolar o ARNm.

2. Síntese do cDNA:

Utilizar a transcriptase reversa para sintetizar cDNA a partir do modelo de mRNA. Esta enzima sintetiza uma cópia do ADN de cadeia simples do ARNm.

3. Síntese do segundo filamento:

Converter o cADN de cadeia simples em ADN de cadeia dupla utilizando a ADN polimerase. Este passo produz uma molécula de ADNc de cadeia dupla.

4. Ligação em vectores:

Ligar o cDNA de cadeia dupla em vectores de clonagem adequados.

5. Transformação:

Introduzir os vectores recombinantes em células hospedeiras, normalmente bactérias, através de transformação.

6. Armazenamento e triagem:

Armazenar as células transformadas para criar a biblioteca de cDNA.

Selecionar a biblioteca para identificar clones que contenham sequências específicas de cDNA. Os métodos de rastreio incluem a hibridação com sondas marcadas, PCR ou sequenciação.

Aplicações de bibliotecas de ADN

• **Identificação e clonagem de genes**:

As bibliotecas de ADN permitem aos investigadores identificar, isolar e estudar genes ou sequências específicas de interesse. Isto é fundamental na genómica funcional e na clonagem de genes.

• **Estudos de expressão de genes**:

As bibliotecas de cDNA ajudam a estudar os padrões de expressão dos genes em diferentes tecidos ou em diferentes condições, fornecendo informações sobre a regulação e a função dos genes.

• **Mapeamento e Sequenciação Genómica**:

As bibliotecas genómicas são essenciais para o mapeamento físico de genomas e para projectos de sequenciação em grande escala, como o Projeto Genoma Humano.

• **Genómica comparativa**:

As bibliotecas de ADN facilitam estudos comparativos de genomas de diferentes espécies, ajudando na biologia evolutiva e na identificação de genes conservados.

• **Biotecnologia e medicina**:

As bibliotecas são utilizadas em biotecnologia para identificar genes para a produção de proteínas recombinantes, o desenvolvimento de terapias genéticas e a criação de organismos geneticamente modificados.

• **Estudos de mutagénese**:

As bibliotecas podem ser analisadas para identificar mutações e estudar os seus efeitos na função dos genes, contribuindo para a nossa compreensão das doenças genéticas.

2.1. Introdução transgénica de ADN recombinante em células hospedeiras

Os organismos transgénicos contêm ADN estranho que foi introduzido nos seus genomas através de técnicas de engenharia genética. Este processo de introdução de ADN recombinante nas células hospedeiras é fundamental para a criação de plantas, animais e microrganismos transgénicos para fins de investigação, agricultura, medicina e indústria. As etapas envolvidas na criação de organismos transgénicos são complexas e requerem uma combinação de técnicas de biologia molecular e métodos de administração precisos.

Passos para a criação de organismos transgénicos:

1. **Seleção do gene de interesse**:

Identificar e isolar o gene que confere uma caraterística ou função desejada. Este gene será inserido no organismo hospedeiro.

2. **Construção de ADN recombinante**:

O gene de interesse é inserido num vetor, uma molécula de ADN que pode transportar ADN estranho para uma célula hospedeira. Os vectores comuns incluem plasmídeos, vírus e cromossomas artificiais.

O vetor contém normalmente elementos reguladores, tais como promotores, potenciadores e genes marcadores seleccionáveis, para assegurar a expressão e a seleção do ADN recombinante nas células hospedeiras.

3. Introdução de ADN recombinante em células hospedeiras (Transformação/Transfecção):

O ADN recombinante deve ser introduzido nas células hospedeiras. São utilizados diferentes métodos consoante o tipo de organismo hospedeiro.

Métodos de introdução de ADN recombinante:

A. Transformação bacteriana:

. **Transformação química**: Tratar as células bacterianas com cloreto de cálcio para tornar as suas membranas celulares permeáveis ao ADN recombinante.

• **Electroporação**: Utilizar um campo elétrico para criar poros temporários na membrana da célula bacteriana, permitindo a entrada de ADN recombinante.

B. Transformação de plantas:

• **Transformação mediada por Agrobacterium**: Utiliza a bactéria *Agrobacterium tumefaciens,* que transfere naturalmente o ADN para as células vegetais. O gene de interesse é inserido no plasmídeo Ti da Agrobacterium, que depois transfere o ADN para o genoma da planta.

. **Biolística (Gene Gun)**: Atirar partículas microscópicas revestidas com ADN para as células vegetais. Este método é útil para plantas que não são facilmente transformadas por Agrobacterium.

• **Transformação de protoplastos**: Remover a parede celular das células vegetais para criar protoplastos, que podem depois ser tratados com ADN e regenerados em plantas inteiras.

C. Transformação de animais:

. **Microinjecção**: Injeção direta de ADN recombinante no núcleo de ovos fertilizados ou embriões, utilizando uma agulha fina. Este método é normalmente utilizado na criação de ratinhos transgénicos.

. **Vectores virais**: Utilizam vírus modificados para introduzir o gene de interesse nas células animais. O ADN viral integra-se no genoma do hospedeiro, permitindo uma expressão estável.

. **Transferência de genes mediada por células estaminais embrionárias**: Introduzir ADN recombinante em células estaminais embrionárias (ES), que são depois injectadas em embriões em desenvolvimento. Os animais resultantes são quiméricos e podem transmitir o transgene aos seus descendentes.

D. **Transformação de leveduras e fungos**:

. **Transformação química**: Tratar células de levedura ou de fungos com acetato de lítio para tornar as suas membranas permeáveis ao ADN.

• **Electroporação**: Utilizar um campo elétrico para introduzir ADN em células de levedura ou de fungos.

E. **Transformação de insectos**:

. **Microinjecção**: Semelhante à transformação animal, o ADN recombinante é injetado em embriões de insectos.

• **Elementos transponíveis**: Utilizar transposões, que são elementos genéticos móveis, para inserir o gene de interesse no genoma do inseto.

4. **Seleção e rastreio de células transgénicas**:

Após a transformação, nem todas as células conterão o ADN

recombinante. Os genes marcadores seleccionáveis (por exemplo, resistência a antibióticos) presentes no vetor permitem a identificação e o isolamento de células transformadas com êxito.

As técnicas de rastreio, como a PCR, o Southern blotting e a sequenciação, confirmam a presença e a integração do ADN recombinante.

5. **Regeneração e Propagação**:

Nas plantas, as células ou tecidos transformados são regenerados em plantas inteiras através de técnicas de cultura de tecidos. Nos animais, os embriões transformados são implantados em mães de aluguer e a descendência é testada quanto à presença do transgene. Nos microrganismos, as células transformadas são cultivadas e propagadas em condições selectivas.

Aplicações dos organismos transgénicos:

1. **Agricultura**:

- Desenvolvimento de culturas geneticamente modificadas com características melhoradas, como a resistência às pragas, a tolerância aos herbicidas e um melhor conteúdo nutricional.

. Animais transgénicos com características desejáveis para a produção de alimentos, tais como taxas de crescimento mais rápidas ou resistência a doenças.

2. **Medicina**:

- Produção de proteínas farmacêuticas e de agentes terapêuticos em plantas e animais transgénicos (por exemplo, produção de insulina em bactérias transgénicas).

- Desenvolvimento de modelos animais para estudar doenças humanas e testar novos tratamentos.

3. Indústria:

- Utilização de microrganismos transgénicos para a produção de biocombustíveis, plásticos biodegradáveis e outros produtos industriais.

. Engenharia de microrganismos para a limpeza de poluentes ambientais através da bioremediação.

4. Investigação:

- Criação de organismos transgénicos para estudar a função, a regulação e a interação dos genes in vivo.

- Utilização de animais transgénicos como modelos para compreender a biologia do desenvolvimento e a genética.

3.4 Identificação de Recombinantes

A identificação de organismos ou células recombinantes que absorveram e integraram com sucesso ADN estranho é um passo crucial na biologia molecular e na engenharia genética. Este processo garante que os investigadores podem selecionar e trabalhar com células ou organismos que expressam as características desejadas conferidas pelo ADN inserido. Segue-se uma visão geral dos métodos normalmente utilizados para identificar recombinantes:

1. Métodos baseados na seleção

1.1. Seleção da resistência aos antibióticos:

. **Princípio**: Incorporar um gene de resistência a antibióticos (por exemplo, resistência à ampicilina em bactérias) no vetor que transporta o ADN recombinante.

. Processo:

. Transformar as células hospedeiras com o ADN recombinante.

. Colocar as células transformadas em placas com meio de crescimento contendo o antibiótico.

- Apenas as células que absorveram e expressaram com sucesso o ADN recombinante (incluindo o gene de resistência aos antibióticos) sobreviverão e formarão colónias.

. As células não transformadas ou sem o ADN recombinante morrerão.

1.2. Complementação Auxotrófica:

. Princípio: Utilização de mutantes auxotróficos que não têm a capacidade de sintetizar um nutriente essencial (por exemplo, histidina ou triptofano) devido a uma mutação.

. Processo:

. Inserir no vetor uma cópia funcional do gene responsável pela síntese de nutrientes.

. Transformar as células hospedeiras auxotróficas com o ADN recombinante.

. Placa de células transformadas em meios mínimos sem o nutricnte.

- Apenas as células que absorveram o ADN recombinante (e que, portanto, adquiriram a capacidade de sintetizar o nutriente) crescerão e formarão colónias.

. As células não transformadas ou com ADN recombinante não funcional não sobreviverão.

2. Métodos baseados no rastreio

2.1. Hibridação de colónias:

Princípio: Utilizar uma sonda marcada que hibrida especificamente com a sequência de interesse no ADN recombinante.

Processo:

. Colocar as células transformadas em placas de ágar para formar colónias.

. Transferir as colónias para uma membrana (nitrocelulose ou nylon) para criar um "blot" de colónias.

. Desnaturar o ADN nas colónias para o tornar acessível para hibridação.

. Hibridizar a membrana com uma sonda de ADN marcada específica para o gene ou sequência de interesse.

. Lavar a membrana para remover a sonda não ligada e detetar a presença de ADN hibridizado por autorradiografia ou quimioluminescência.

. As colónias positivas mostrarão um sinal onde a sonda se ligou, indicando a presença do ADN recombinante desejado.

2.2. Rastreio por Reação em Cadeia da Polimerase (PCR):

. **Princípio**: Amplificar sequências de ADN específicas utilizando a PCR para detetar a presença do gene de interesse.

. Processo:

. Conceber iniciadores de PCR que flanqueiem a região de interesse no ADN recombinante.

. Efetuar a PCR no ADN isolado das células transformadas.

. Analisar os produtos PCR por eletroforese em gel.

. A presença do produto de PCR esperado indica a presença do ADN recombinante nas células transformadas.

• Os produtos da PCR podem ser sequenciados para confirmar a identidade da sequência de ADN inserida.

3. Expressão de genes repórteres

3.1. Ensaio da β-Galactosidase (LacZ):

. **Princípio**: Utilização do gene LacZ, que codifica a enzima β-galactosidase, como gene repórter.

. **Processo**:

. Clonar o gene de interesse a montante do gene LacZ no vetor.

. Transformar as células hospedeiras com o ADN recombinante.

.. Colocar as células transformadas em placas de ágar contendo X-gal (5-bromo-4-cloro-3-indolil-β-D-galactopiranosídeo).

• Incubar as placas para permitir o crescimento das colónias.

. As colónias positivas que expressam o ADN recombinante produzem cor azul devido à atividade da β-galactosidase em X-gal.

. As colónias não transformadas ou negativas permanecerão

brancas.

3.2. Expressão da proteína fluorescente verde (GFP):

. **Princípio**: Utilização de GFP como gene repórter para identificar visualmente as células que exprimem o ADN recombinante.

. **Processo**:

. Clonar o gene de interesse a montante ou a jusante do gene GFP no vetor.

. Transformar as células hospedeiras com o ADN recombinante.

. Visualizar a expressão de GFP num microscópio de fluorescência.

. As células positivas que exprimem o ADN recombinante apresentam uma fluorescência verde num comprimento de onda de excitação adequado.

. As células não transformadas ou negativas não apresentam fluorescência

3.5. Reação em cadeia da polimerase (PCR)

A Reação em Cadeia da Polimerase (PCR) é uma técnica revolucionária em biologia molecular que permite a amplificação de sequências específicas de ADN. Desenvolvida por Kary Mullis em 1983, a PCR tornou-se uma ferramenta essencial em vários domínios, incluindo a genética, a microbiologia, a ciência forense e o diagnóstico médico.

Princípio da PCR

A PCR amplifica uma sequência de ADN alvo através de uma série de passos dependentes da temperatura, repetidos ao longo de vários ciclos. O processo consiste em três fases principais:

1. **Desnaturação**: O ADN de cadeia dupla é aquecido a cerca de 94-98°C, provocando a quebra das ligações de hidrogénio entre as cadeias e resultando na separação do ADN em duas cadeias simples.

2. **Recozimento**: A mistura de reação é arrefecida a 50-65°C para permitir que os primers, que são sequências curtas de nucleótidos complementares ao ADN alvo, se liguem aos seus locais específicos no ADN de cadeia simples.

3. **Extensão**: A temperatura é aumentada para cerca de 72°C, a temperatura óptima para a Taq polimerase, uma polimerase de ADN estável ao calor. A enzima estende os primers adicionando nucleótidos complementares à sequência alvo, sintetizando assim novas cadeias de ADN.

Estes passos são repetidos durante 20-40 ciclos, conduzindo a um aumento exponencial do número de cópias da sequência de ADN alvo.

Componentes da PCR

- **ADN modelo**: A amostra de ADN que contém a sequência alvo a ser amplificada.

- **Primers**: Sequências curtas e de cadeia simples de nucleótidos que são complementares à região de ADN alvo.

- **DNA Polimerase**: Uma enzima que sintetiza novas cadeias de ADN adicionando nucleótidos aos primers. A Taq polimerase é normalmente utilizada devido à sua estabilidade térmica.

- **Trifosfatos de desoxinucleótidos (dNTPs)**: Os blocos de construção utilizados pela DNA polimerase para sintetizar novas cadeias de DNA.

. **Solução tampão**: Fornece o ambiente iónico necessário e mantém o pH para a atividade da DNA polimerase.

Aplicações da PCR

1. **Diagnóstico médico**: A PCR é utilizada para detetar a presença de agentes patogénicos em amostras clínicas, diagnosticar doenças genéticas e monitorizar cargas virais em doenças como o VIH.

2. **Ciência forense**: A PCR permite a amplificação do ADN a partir de amostras biológicas diminutas, como sangue ou cabelo, que podem ser utilizadas para testes de identidade e investigações criminais.

3. **Investigação genética**: A PCR é utilizada para clonar genes, analisar variações genéticas e estudar a expressão genética.

4. **Microbiologia ambiental**: A PCR é utilizada para identificar e quantificar populações microbianas em amostras ambientais.

5. **Agricultura**: A PCR ajuda na deteção de organismos geneticamente modificados (OGM) e no diagnóstico de agentes patogénicos das plantas.

Vantagens da PCR

- **Sensibilidade**: A PCR pode amplificar o ADN a partir de quantidades muito pequenas de ADN modelo.

- **Especificidade**: A utilização de primers específicos assegura que apenas a sequência de ADN alvo é amplificada.

- **Rapidez**: A PCR pode gerar milhões de cópias do ADN alvo em poucas horas.

Limitações da PCR

- **Risco de contaminação**: A elevada sensibilidade da PCR torna-a suscetível de contaminação, o que pode levar a resultados falsos positivos.

- **Conceção de primers**: A conceção de primers específicos requer um conhecimento prévio da sequência de ADN alvo.

- **Erros de amplificação**: A Taq polimerase não tem capacidade de revisão, o que pode resultar em erros durante a síntese de ADN.

3.6. Sondas de ADN

As sondas de ADN são sequências de ácidos nucleicos de cadeia simples utilizadas para detetar a presença de sequências complementares (ADN alvo) numa amostra. São ferramentas vitais em biologia molecular, diagnóstico e investigação, proporcionando uma elevada especificidade para a identificação de sequências de ácidos nucleicos.

Princípio das sondas de ADN

O princípio subjacente às sondas de ADN é a hibridação. A hibridação envolve a ligação (annealing) da sonda à sua sequência complementar no ADN alvo através de ligações de hidrogénio. A sonda, que está marcada com um marcador detetável, permite a visualização do evento de hibridação, indicando a presença da sequência alvo.

Tipos de sondas de ADN

1. **Sondas radioactivas**: Estas sondas são marcadas com isótopos radioactivos, como o fósforo-32 (32P) ou o enxofre-35 (35S). A sonda hibridizada pode ser detectada através de autoradiografia, que capta a radiação emitida numa película fotográfica.

2. **Sondas fluorescentes**: Estas sondas estão marcadas com corantes fluorescentes que emitem luz quando excitados por um comprimento de onda específico. A hibridação in situ fluorescente (FISH) é uma técnica comum que utiliza sondas fluorescentes para detetar sequências alvo em células ou secções de tecido.

3. **Sondas quimioluminescentes**: Estas sondas são marcadas com enzimas como a peroxidase de rábano ou a fosfatase alcalina. A enzima catalisa uma reação que produz luz, que pode ser detectada utilizando um luminómetro ou uma película fotográfica.

4. **Sondas Colorimétricas**: Estas sondas são conjugadas com enzimas que produzem uma mudança de cor após a reação do substrato. A mudança de cor pode ser observada visualmente ou medida com um espetrofotómetro.

Aplicações das sondas de ADN

1. **Diagnóstico médico**: As sondas de ADN são utilizadas para detetar doenças genéticas específicas, agentes infecciosos e marcadores de cancro. Por exemplo, podem identificar mutações em genes associados à fibrose cística ou detetar a presença de agentes patogénicos como o Mycobacterium tuberculosis.

2. **Investigação genética**: Os investigadores utilizam sondas de ADN

para localizar e mapear genes nos cromossomas, estudar a expressão genética e analisar variações genéticas.

3. **Ciência forense**: As sondas de ADN ajudam na identificação de indivíduos através da deteção de regiões polimórficas no ADN, como as repetições curtas em tandem (STR) utilizadas na recolha de impressões digitais de ADN.

4. **Monitorização ambiental**: As sondas detectam e quantificam microorganismos em amostras ambientais, ajudando a monitorizar a qualidade da água e a detetar a poluição.

5. **Agricultura**: As sondas de ADN são utilizadas para identificar organismos geneticamente modificados (OGM) e diagnosticar doenças das plantas causadas por agentes patogénicos.

Conceção de sondas de ADN

A conceção de sondas de ADN eficazes envolve várias considerações fundamentais:

1. **Especificidade da sequência**: A sequência da sonda deve ser complementar à sequência alvo, assegurando uma ligação específica.

2. **Comprimento**: As sondas têm normalmente 20-30 nucleótidos de comprimento para proporcionar especificidade suficiente e permitir uma hibridação eficiente.

3. **Marcação**: A escolha da marcação (radioactiva, fluorescente, quimioluminescente ou colorimétrica) depende da aplicação e do método de deteção.

4. **Temperatura de fusão (Tm)**: A sonda deve ter uma temperatura de

fusão adequada para assegurar uma hibridação estável nas condições experimentais.

Vantagens das sondas de ADN

- **Elevada especificidade**: As sondas de ADN podem identificar com precisão as sequências alvo, mesmo em misturas complexas de ácidos nucleicos.

- **Versatilidade**: Podem ser utilizados em várias aplicações, desde o diagnóstico à investigação.

- **Sensibilidade**: As sondas de ADN podem detetar alvos de baixa abundância através de métodos de amplificação do sinal.

Limitações das sondas de ADN

- **Custo**: A síntese e a marcação das sondas de ADN podem ser dispendiosas.

- **Conhecimentos técnicos especializados**: A utilização de sondas de ADN requer competências e equipamento especializados.

- **Hibridação cruzada**: A ligação não específica a sequências semelhantes pode conduzir a resultados falsos positivos, exigindo uma conceção cuidadosa da sonda e a otimização das condições de hibridação.

As sondas de ADN são ferramentas indispensáveis em biologia molecular, permitindo a deteção e análise precisas de sequências de ácidos nucleicos numa vasta gama de aplicações.

3.7. Técnicas de hibridação

As técnicas de hibridação são métodos de biologia molecular utilizados para detetar sequências específicas de ácidos nucleicos através da ligação de cadeias complementares de ADN ou ARN. Estas técnicas são essenciais para identificar, analisar e quantificar genes ou sequências específicas em amostras complexas de ácidos nucleicos.

Princípio da hibridação

O princípio da hibridação baseia-se na capacidade dos ácidos nucleicos para formarem estruturas de cadeia dupla através do emparelhamento de bases complementares (adenina com timina ou uracilo e guanina com citosina). Quando se introduz uma sonda marcada (uma sequência de ADN ou ARN de cadeia simples) numa amostra de ácido nucleico alvo, esta hibridiza-se (liga-se) à sequência complementar, se esta estiver presente na amostra. A etiqueta na sonda permite a deteção deste evento de hibridação.

Tipos de técnicas de hibridação

1. **Blotting do Sul**

Desenvolvido por: Edwin Southern em 1975.

Objetivo: Utilizado para detetar sequências específicas de ADN em amostras de ADN.

Processo:

- o O ADN é extraído e digerido com enzimas de restrição.

- o Os fragmentos são separados por eletroforese em gel.

- o O ADN é transferido para uma membrana (nylon ou nitrocelulose).

- o A membrana é incubada com uma sonda de ADN marcada.

o A hibridação é detectada através de autoradiografia ou outros métodos de deteção.

2. Blotagem do Norte

Objetivo: Utilizado para detetar sequências específicas de ARN em amostras de ARN.

Processo:

o O ARN é extraído e separado por eletroforese em gel.

o O ARN é transferido para uma membrana.

o A membrana é incubada com uma sonda marcada de ARN ou ADN.

o A deteção é semelhante à do Southern blotting.

3. Western Blotting

o **Objetivo**: Utilizado para detetar proteínas específicas.

o **Processo**:

Embora não seja uma técnica de hibridação de ácidos nucleicos, envolve princípios semelhantes de ligação de sondas (anticorpos, neste caso) para detetar proteínas.

4. Hibridização in situ (ISH)

Objetivo: Utilizado para detetar sequências específicas de ácidos nucleicos em células intactas ou secções de tecidos.

Processo:

o As células ou secções de tecido são fixadas em lâminas.

o São tratados para permitir o acesso da sonda aos ácidos nucleicos alvo.

o São adicionadas sondas marcadas e a hibridação é visualizada por microscopia.

5. **Hibridação fluorescente in situ (FISH)**

   o **Objetivo**: Uma variação da ISH que utiliza sondas fluorescentes para detetar e localizar sequências específicas de ADN ou ARN em células ou secções de tecidos.

   o **Processo**:

   o As células ou secções de tecido são fixadas em lâminas.

   o As sondas marcadas fluorescentemente são hibridizadas com as sequências alvo.

   o A deteção é efectuada através de microscopia de fluorescência.

6. **Análise de microarray**

   o **Objetivo**: Utilizado para analisar a expressão de milhares de genes em simultâneo.

   o **Processo**:

   o As amostras de ADN ou ARN são marcadas com etiquetas fluorescentes.

   o As amostras marcadas são hibridizadas num chip de microarray que contém milhares de sondas.

   o A intensidade da fluorescência em cada ponto da sonda é

medida, indicando a presença e a quantidade das sequências alvo.

7. **Hibridação Dot Blot**

o **Objetivo**: Uma versão mais simples da técnica Southern ou Northern blotting utilizada para o rastreio de amostras múltiplas.

o **Processo**:

■ As amostras de ácido nucleico são colocadas diretamente sobre uma membrana.

■ A membrana é hibridizada com uma sonda marcada.

■ A deteção é efectuada de forma semelhante a outras técnicas de blotting.

Aplicações de técnicas de hibridação

. **Diagnóstico médico**: Deteção de mutações genéticas, agentes infecciosos e marcadores de cancro.

- **Investigação genética**: Estudo da expressão genética, mapeamento de genes e variações genéticas.

. **Ciência forense**: Impressão digital de ADN e identificação de indivíduos.

. **Monitorização ambiental**: Deteção e quantificação de microorganismos em amostras ambientais.

. **Agricultura**: Identificação de organismos geneticamente modificados (OGM) e diagnóstico de doenças das plantas.

Vantagens das técnicas de hibridação

- **Elevada especificidade**: Capacidade de detetar sequências específicas em misturas complexas.

- **Versatilidade**: Aplicável à deteção de ADN, ARN e proteínas.

- **Análise quantitativa**: Algumas técnicas, como a análise de microarray, fornecem dados quantitativos sobre a expressão dos genes.

Limitações das técnicas de hibridação

- **Complexidade técnica**: Requer equipamento e conhecimentos especializados.

- **Consome muito tempo**: Algumas técnicas, como Southern e Northern blotting, são trabalhosas e demoradas.

- **Sensibilidade às condições**: A eficiência da hibridação pode ser afetada por factores como a temperatura e a concentração de sal.

As técnicas de hibridação são ferramentas poderosas em biologia molecular, fornecendo informações detalhadas sobre a presença, quantidade e localização de sequências específicas de ácidos nucleicos. São fundamentais para os avanços na genética, diagnóstico e investigação biomédica.

4. BIOTECNOLOGIA NA SAÚDE

A biotecnologia é um domínio que aproveita os processos celulares e biomoleculares para desenvolver tecnologias e produtos que ajudam a melhorar as nossas vidas e a saúde do nosso planeta. No contexto da saúde, a biotecnologia revolucionou o diagnóstico, o tratamento e a prevenção de doenças, oferecendo novas vias para avanços médicos e cuidados personalizados.

O que é a biotecnologia?

A biotecnologia envolve a utilização de organismos vivos ou dos seus sistemas para criar ou modificar produtos para utilizações específicas. Este domínio interdisciplinar combina a biologia, a química, a física e a engenharia para desenvolver ferramentas e aplicações que beneficiam vários sectores, incluindo os cuidados de saúde.

Antecedentes históricos e marcos históricos

A biotecnologia no domínio da saúde tem registado marcos importantes ao longo dos anos:

- **1973**: Stanley Cohen e Herbert Boyer desenvolveram a tecnologia do ADN recombinante, permitindo a inserção de genes em bactérias, abrindo caminho para a engenharia genética.

- **1982**: A primeira insulina humana produzida biotecnologicamente foi aprovada, transformando o controlo da diabetes.

- **1990**s: Início do Projeto Genoma Humano, com o objetivo de mapear todos os genes humanos e as suas funções.

- **2003**: Conclusão do Projeto Genoma Humano, que fornece um plano completo da informação genética humana.

. **2012**: Introdução da tecnologia CRISPR-Cas9, uma ferramenta inovadora para a edição precisa do genoma.

Importância da biotecnologia nos cuidados de saúde

A biotecnologia desempenha um papel crucial nos cuidados de saúde modernos:

1. **Diagnóstico**: As ferramentas biotecnológicas avançadas permitem a deteção precoce e exacta de doenças, melhorando os resultados para os doentes. Técnicas como a PCR, a sequenciação de nova geração e os microarrays revolucionaram o diagnóstico.

2. **Terapêutica**: A biotecnologia levou ao desenvolvimento de produtos biofarmacêuticos, terapias genéticas e tratamentos com células estaminais, oferecendo uma nova esperança para doenças que anteriormente não podiam ser tratadas.

3. **Medicina personalizada**: Ao compreender os perfis genéticos individuais, a biotecnologia permite tratamentos personalizados que são mais eficazes e têm menos efeitos secundários.

4. **Desenvolvimento de vacinas**: A biotecnologia moderna acelerou o desenvolvimento de vacinas, como é o caso da rápida criação de vacinas de ARNm para a COVID-19.

Considerações éticas e regulamentares

Os rápidos avanços da biotecnologia implicam desafios éticos e regulamentares:

. **Questões éticas**. Temas como a modificação genética, a clonagem e a investigação sobre células estaminais levantam questões éticas sobre a extensão e os limites das intervenções biotecnológicas.

- **Quadros regulamentares**: Garantir a segurança e a eficácia dos produtos biotecnológicos exige uma supervisão regulamentar sólida. Agências como a FDA e a EMA desempenham um papel fundamental neste processo.

Âmbito do curso

Este curso abordará vários aspectos da biotecnologia na saúde, abrangendo:

. **Biotecnologia de diagnóstico**: Técnicas e aplicações para a deteção de doenças.

- **Biotecnologia terapêutica**: Inovações no desenvolvimento de medicamentos e modalidades de tratamento.

. **Medicina personalizada**: O papel da biotecnologia na adaptação dos cuidados médicos às necessidades individuais.

. **Tecnologias emergentes**: Explorar os avanços de ponta e o seu potencial impacto.

No final deste curso, os alunos terão uma compreensão abrangente da forma como a biotecnologia está a transformar os cuidados de saúde, o estado atual das aplicações biotecnológicas e as direcções futuras deste campo em rápida evolução.

4.1. Tecnologia de hibridoma e anticorpos monoclonais

A tecnologia de hibridoma é uma técnica inovadora utilizada para produzir anticorpos monoclonais (mAbs), que são anticorpos idênticos e específicos para um único epítopo de antigénio. Esta tecnologia revolucionou o diagnóstico médico, a terapêutica e a investigação.

O que é a tecnologia de hibridoma?

A tecnologia do hibridoma envolve a fusão de uma célula B produtora de anticorpos com uma célula do mieloma (cancro). A célula híbrida resultante, conhecida como hibridoma, combina a longevidade e a capacidade proliferativa da célula do mieloma com a capacidade específica de produção de anticorpos da célula B.

Processo da tecnologia de hibridoma

1. **Imunização**

Um animal, normalmente um rato, é imunizado com um antigénio para estimular a produção de células B específicas que produzem anticorpos contra o antigénio.

2. **Fusão celular**

As células B são colhidas do baço do animal imunizado.

Estas células B são fundidas com células do mieloma (que não podem produzir anticorpos mas podem proliferar indefinidamente) utilizando polietilenoglicol (PEG) ou electrofusão.

3. **Seleção de hibridomas**

As células fundidas são cultivadas num meio seletivo (meio HAT) que só permite a sobrevivência das células híbridas. As células do mieloma não fundidas não possuem a enzima hipoxantina-guanina fosforibosiltransferase (HGPRT) e morrem no meio, enquanto as células B não fundidas têm um tempo de vida limitado e não podem proliferar indefinidamente.

4. Rastreio e clonagem

Os hibridomas sobreviventes são seleccionados para a produção do anticorpo desejado.

Os hibridomas positivos são clonados por diluição limitante para garantir que cada clone é derivado de uma única célula de hibridoma.

5. Produção e purificação

Os hibridomas clonados são cultivados para produzir grandes quantidades de anticorpos monoclonais.

Os anticorpos são colhidos do meio de cultura e purificados para utilização.

Anticorpos monoclonais

Os anticorpos monoclonais são anticorpos homogéneos que reconhecem e se ligam a um epítopo específico de um antigénio. A sua uniformidade e especificidade tornam-nos ferramentas valiosas em várias aplicações.

Aplicações dos anticorpos monoclonais

1. Diagnóstico médico

Imunoensaios: Utilizados em testes como o ELISA (ensaio de imunoabsorção enzimática) e Western blotting para detetar proteínas ou agentes patogénicos específicos.

Imunohistoquímica: Utilizada para detetar antigénios específicos em secções de tecido, ajudando no diagnóstico de doenças.

2. Terapêutica

Tratamento do cancro: Os anticorpos monoclonais, como o

Rituximab, o Trastuzumab e o Bevacizumab, são utilizados para atingir células cancerígenas específicas.

Doenças auto-imunes: Os mAbs como o Infliximab e o Adalimumab são utilizados para tratar doenças como a artrite reumatoide e a doença de Crohn.

Doenças infecciosas: Os anticorpos monoclonais são utilizados para neutralizar os agentes patogénicos, como se vê nos tratamentos para a COVID-19.

3. **Investigação**

Citometria de fluxo: Os mAbs são utilizados para identificar e ordenar populações celulares específicas com base em marcadores de superfície.

Estudos da função das proteínas: Utilizados para investigar o papel de proteínas específicas em processos celulares.

Vantagens dos anticorpos monoclonais

- **Especificidade**: Os mAbs são altamente específicos, ligando-se apenas ao seu antigénio alvo.

- **Reprodutibilidade**: Sendo produzidos por células de hibridoma idênticas, fornecem resultados consistentes e reprodutíveis.

- **Versatilidade**: Aplicável no diagnóstico, na terapêutica e na investigação.

Limitações dos anticorpos monoclonais

- **Custo de produção**: A produção de anticorpos monoclonais pode ser dispendiosa e morosa.

. **Imunogenicidade**: Os anticorpos monoclonais derivados de fontes não humanas podem provocar respostas imunitárias nos seres humanos.

. **Epítopos limitados**: Visam um único epítopo, o que pode limitar a sua eficácia em algumas aplicações.

Direcções futuras

. **mAbs humanizados e totalmente humanos**: Os avanços na engenharia genética levaram ao desenvolvimento de anticorpos monoclonais humanizados e totalmente humanos para reduzir a imunogenicidade.

• **Anticorpos biespecíficos**: Estes são concebidos para se ligarem a dois antigénios diferentes em simultâneo, oferecendo um potencial terapêutico melhorado.

. **Conjugados anticorpo-fármaco (ADC)**: Os mAbs conjugados com fármacos citotóxicos proporcionam uma terapia direccionada para as células cancerígenas, minimizando os danos nas células saudáveis.

A tecnologia de hibridoma e os anticorpos monoclonais transformaram o panorama da medicina moderna, fornecendo ferramentas poderosas para o diagnóstico, tratamento e investigação. O seu desenvolvimento contínuo promete novos avanços nos cuidados de saúde e na biotecnologia.

4.2 Aplicação da biotecnologia na medicina

A biotecnologia tornou-se uma pedra angular da medicina moderna, impulsionando avanços significativos no diagnóstico, tratamento e prevenção de doenças. Esta secção explora as diversas aplicações da biotecnologia na medicina, destacando o impacto nos cuidados de saúde e nos resultados dos doentes.

1. Biotecnologia de diagnóstico

a. Diagnóstico molecular

- **Reação em cadeia da polimerase (PCR)**: Utilizada para amplificar e detetar sequências específicas de ADN, permitindo o diagnóstico de doenças genéticas, doenças infecciosas e cancro.

- **PCR em tempo real (qPCR)**: Permite a medição quantitativa de ADN ou ARN, fornecendo informações sobre a progressão da doença e a resposta ao tratamento.

- **Sequenciação de nova geração (NGS)**: Permite uma análise abrangente da informação genética, identificando mutações e orientando estratégias de tratamento personalizadas.

b. Imagiologia e deteção de biomarcadores

- **Imunoensaios**: Técnicas como o ELISA (ensaio de imunoabsorção enzimática) detectam proteínas ou anticorpos específicos, ajudando no diagnóstico e monitorização de doenças.

- **Biossensores**: Dispositivos que detectam moléculas biológicas, oferecendo capacidades de diagnóstico rápidas e sensíveis para doenças como a diabetes e as doenças cardiovasculares.

2. Biotecnologia terapêutica

a. Produtos biofarmacêuticos

. **Anticorpos monoclonais**: Utilizados para tratar cancros, doenças auto-imunes e doenças infecciosas, visando antigénios específicos.

. **Proteínas Recombinantes**: Insulina humana, hormonas de crescimento e factores de coagulação produzidos através de engenharia genética para tratar diabetes, distúrbios de crescimento e hemofilia.

b. Terapia genética

. **Substituição de genes**: Introdução de genes saudáveis para substituir os genes defeituosos, como se verifica nos tratamentos da fibrose quística e da hemofilia.

• **Edição de genes**: Tecnologias como a CRISPR-Cas9 permitem modificações precisas no genoma, oferecendo potenciais curas para doenças genéticas como a anemia falciforme e a distrofia muscular.

c. Terapia com células estaminais

• **Medicina regenerativa**: Utilização de células estaminais para reparar ou substituir tecidos e órgãos danificados, com aplicações no tratamento de doenças como lesões da espinal medula, doenças cardíacas e diabetes.

• **Células estaminais pluripotentes induzidas (iPSCs)**: Reprogramação de células adultas em células estaminais pluripotentes para medicina personalizada e ensaio de medicamentos.

3. Medicina personalizada

a. Farmacogenómica

. **Terapia medicamentosa adaptada**: Compreender as variações genéticas individuais para prever a resposta aos medicamentos e adaptar os tratamentos, melhorando a eficácia e reduzindo os efeitos adversos.

- **Diagnósticos complementares**: Testes que identificam os doentes susceptíveis de beneficiar de terapias específicas, como o teste HER2 para o tratamento do cancro da mama com Trastuzumab.

b. Biomarcadores

- **Biomarcadores preditivos**: Indicam a probabilidade de desenvolvimento da doença, orientando estratégias preventivas.

. **Biomarcadores de prognóstico**: Fornecem informações sobre o resultado da doença, ajudando no planeamento e monitorização do tratamento.

4. Desenvolvimento de vacinas

a. Vacinas tradicionais e modernas

. **Vacinas Inactivadas e Atenuadas**: Utilizam agentes patogénicos mortos ou enfraquecidos para provocar uma resposta imunitária.

- **Vacinas de subunidades e conjugadas**: Utilizam antigénios específicos ou partes do agente patogénico para desencadear a imunidade.

. **vacinas de ARNm**: Avanços recentes exemplificados pelas vacinas contra a COVID-19, que utilizam o ARNm para instruir as células a produzir o antigénio, conduzindo a uma resposta imunitária.

b. **Sistemas de administração de vacinas**

. **Vectores virais**: Utilizar vírus modificados para fornecer antigénios de vacinas.

* **Vacinas à base de nanopartículas**: Melhorar a entrega e a eficácia protegendo os antigénios e facilitando a entrega direccionada.

5. **Biotecnologia na gestão das doenças infecciosas**

a. **Diagnóstico rápido**

. **Testes no local de atendimento**: Testes portáteis e fáceis de utilizar que fornecem resultados rápidos, cruciais para gerir surtos e orientar o tratamento.

* **LAMP (Amplificação Isotérmica Mediada por Loop)**: Um método de amplificação de ácidos nucleicos rápido e sensível utilizado para a deteção de agentes patogénicos.

b. **Agentes antivirais e antibacterianos**

* **Abordagens biotecnológicas**: Desenvolvimento de novos antibióticos, medicamentos antivirais e anticorpos monoclonais para combater os agentes patogénicos resistentes.

6. Biotecnologia no tratamento do cancro

a. Terapias direccionadas

. **Anticorpos monoclonais**: Visam antigénios específicos de células cancerígenas para inibir o crescimento e promover a destruição imunomediada.

. **Inibidores da tirosina quinase**: Bloqueiam enzimas específicas envolvidas na proliferação de células cancerígenas, como o Imatinib para a leucemia mieloide crónica.

b. Imunoterapias

. **Terapia celular CAR-T**: Engenharia das células T do doente para expressarem receptores de antigénios quiméricos (CARs) que visam e matam as células cancerígenas.

. **Inibidores do ponto de controlo imunitário**: Bloqueiam as proteínas que inibem as respostas imunitárias, aumentando a capacidade do organismo para combater o cancro.

7. Tecnologias emergentes e tendências futuras

a. Nanobiotecnologia

. **Nanomedicina**: Utilização de nanopartículas para a administração de medicamentos, imagiologia e diagnóstico, oferecendo uma libertação orientada e controlada de terapêuticas.

. **Bionanotecnologia**: Integração de moléculas biológicas com dispositivos à escala nanométrica para diagnósticos e tratamentos avançados.

b. Biologia Sintética

. **Conceção de sistemas biológicos**: Engenharia de genes, proteínas e vias sintéticas para aplicações terapêuticas.

. **Biossensores e Biochips**: Desenvolvimento de ferramentas avançadas de diagnóstico e plataformas de tratamento personalizado.

c. Organoides e Lab-on-a-Chip

* **Modelação de doenças**: Utilização de órgãos miniaturizados (organoides) e de tecnologias de laboratório numa pastilha para modelar doenças e testar medicamentos num ambiente controlado.

4.2.1. Diagnóstico

A biotecnologia revolucionou os métodos de diagnóstico, permitindo uma deteção mais precisa, rápida e abrangente das doenças. As modernas tecnologias de diagnóstico utilizam técnicas de biologia molecular para identificar agentes patogénicos, mutações genéticas e biomarcadores, facilitando assim o diagnóstico precoce e estratégias de tratamento personalizadas.

Diagnóstico molecular

a. Reação em cadeia da polimerase (PCR)

. **Princípio**: A PCR amplifica sequências de ADN específicas, tornando possível detetar até quantidades mínimas de ADN numa amostra.

* **Aplicações**:

  * **Doenças infecciosas**: Deteção de agentes patogénicos, tais como vírus (por exemplo, VIH, SARS-CoV-2) e bactérias (por exemplo, Mycobacterium tuberculosis).

  * **Doenças genéticas**: Identificação de mutações responsáveis por doenças como a fibrose quística e a anemia falciforme.

  * **Cancro**: Deteção de mutações genéticas associadas ao cancro.

b. **PCR em tempo real (qPCR)**

  . **Princípio**: A PCR quantitativa mede a quantidade de ADN em tempo real, fornecendo dados quantitativos.

  * **Aplicações**:

    . **Monitorização da carga viral**: Medição da quantidade de ADN/ARN viral em doentes com infecções virais (por exemplo, VIH, hepatite C).

    * **Análise da expressão genética**: Quantificação dos níveis de expressão dos genes na investigação e no diagnóstico clínico.

c. **Sequenciação de nova geração (NGS)**

  . **Princípio**: A NGS permite a sequenciação de elevado rendimento de ADN e ARN, fornecendo informações genéticas completas.

  * **Aplicações**:

    . **Sequenciação do genoma completo**: Identificação de

variações e mutações genéticas em todo o genoma.

- **Sequenciação direccionada**: Focagem em genes específicos ou regiões de interesse para análise detalhada.

- **Genómica do cancro**: Identificar mutações e orientar a terapia personalizada do cancro.

Imagiologia e deteção de biomarcadores

a. **Imunoensaios**

. **ELISA (Enzyme-Linked Immunosorbent Assay)**: Detecta
proteínas ou anticorpos específicos numa amostra.

- **Aplicações**: Diagnóstico de infecções (p. ex., VIH,
doença de Lyme), doenças auto-imunes (p. ex., lúpus) e
monitorização dos níveis terapêuticos de medicamentos.

- **Western Blotting**: Detecta proteínas específicas numa amostra
utilizando anticorpos.

- **Aplicações**: Teste de confirmação do VIH, deteção de
doenças de priões (por exemplo, doença de Creutzfeldt-
Jakob).

b. **Biosensores**

. **Princípio**: Os biossensores combinam um elemento de
reconhecimento biológico (por exemplo, enzima, anticorpo) com
um transdutor para produzir um sinal mensurável.

- **Aplicações**:

- **Monitorização da glucose**: Monitores contínuos de
glicose para o controlo da diabetes.

. **Testes no local de tratamento**: Deteção rápida de agentes
patogénicos e biomarcadores à beira do leito ou no
terreno.

Testes genéticos

a. Rastreio pré-natal e neonatal

. **Princípio**: Testes de deteção de doenças e afecções genéticas em
fetos e recém-nascidos através de métodos não invasivos (por
exemplo, ADN fetal sem células) ou de amostras de sangue
obtidas por picada no calcanhar.

Aplicações:

. **Síndrome de Down**: Teste pré-natal não invasivo (NIPT)
para detetar anomalias cromossómicas.

- **Perturbações metabólicas**: Rastreio neonatal de doenças
como a fenilcetonúria (PKU) e o hipotiroidismo
congénito.

b. Rastreio de transportadoras

. **Princípio**: Identificação de indivíduos portadores de uma única
cópia de uma mutação genética que pode ser transmitida à
descendência.

- **Aplicações**:

  - **Fibrose cística**: Rastreio de mutações do gene CFTR em
  futuros pais.

  - **Doença de Tay-Sachs**: Identificação de portadores da
  mutação do gene HEXA em determinadas populações.

c. Farmacogenómica

. **Princípio**: Estudar a forma como as variações genéticas afectam
a resposta aos medicamentos.

- **Aplicações**:

  - **. Sensibilidade à varfarina**: Testes de variações dos genes CYP2C9 e VKORC1 para orientar a dosagem.

  - **Tratamento do cancro**: Identificação de marcadores genéticos que prevejam a resposta a terapias orientadas (por exemplo, mutações EGFR no cancro do pulmão).

Tecnologia de microarray

a. Microarrays de ADN

. Princípio: Análise dos padrões de expressão génica através da hibridação de cDNA marcado num chip que contém milhares de sondas.

- **Aplicações**:

  - **Perfil do cancro**: Identificação de assinaturas de expressão genética associadas a diferentes tipos de cancro.

  - **Doenças genéticas**: Deteção de variações do número de cópias e outras alterações genéticas.

b. Microarrays de proteínas

. Princípio: Deteção e análise de múltiplas proteínas simultaneamente num único chip.

- **Aplicações**:

  - **. Descoberta de biomarcadores**: Identificação dc marcadores proteicos para doenças.

  - **. Doenças auto-imunes**: Deteção de auto-anticorpos

associados a doenças como a artrite reumatoide.

Testes no local de tratamento

a. Testes de diagnóstico rápido (RDT)

. **Princípio**: Testes simples e portáteis que fornecem resultados rapidamente, muitas vezes em poucos minutos.

* **Aplicações**:

    * **Doenças infecciosas**: Testes rápidos para a malária, VIH e gripe.

    . **Doenças crónicas**: Monitorização de doenças como a diabetes (por exemplo, testes HbA1c).

b. Tecnologia Lab-on-a-Chip

. **Princípio**: Dispositivos miniaturizados que integram múltiplas funções laboratoriais numa única pastilha.

- **Aplicações**:

    - **Diagnóstico de doenças**: Testes abrangentes para várias doenças utilizando uma pequena amostra.

    . **Medicina personalizada**: Adaptação dos tratamentos com base em resultados de diagnósticos rápidos e no local.

Conclusão

Os avanços biotecnológicos no domínio do diagnóstico transformaram os cuidados de saúde, permitindo uma deteção precoce, diagnósticos mais precisos e planos de tratamento personalizados. Estas tecnologias continuam a evoluir, oferecendo novas possibilidades para melhorar os resultados dos doentes e fazer avançar a investigação médica.

4.2.2. Produção de vacinas

A biotecnologia revolucionou a produção de vacinas, melhorando a segurança, a eficácia e a rapidez do desenvolvimento de vacinas. As vacinas são preparações biológicas que proporcionam imunidade a doenças específicas, estimulando o sistema imunitário do organismo a reconhecer e combater os agentes patogénicos. Esta secção explora as diferentes abordagens biotecnológicas utilizadas na produção de vacinas e as suas aplicações.

Tipos de vacinas

1. Vacinas tradicionais

a. Vacinas inactivadas

- **Princípio**: Utilizar agentes patogénicos que tenham sido mortos ou inactivados para que não possam causar doenças.

- **Exemplos**: Vacinas contra a poliomielite (IPV), a hepatite A e a raiva.

b. Vacinas vivas atenuadas

- **Princípio**: Utilizar agentes patogénicos vivos que tenham sido enfraquecidos de modo a não poderem causar doenças em indivíduos saudáveis.

- **Exemplos**: Vacinas contra sarampo, papeira, rubéola (MMR) e varicela (catapora).

2. Vacinas de subunidades, recombinantes, polissacáridas e conjugadas

a. Vacinas de subunidades

. **Princípio**: Utilizar partes específicas do agente patogénico (como uma proteína ou um polissacárido) para estimular uma resposta imunitária.

. **Exemplos**: Vacinas contra a hepatite B e o papilomavírus humano (HPV).

b. Vacinas recombinantes

. **Princípio**: Utilizar organismos geneticamente modificados para produzir as proteínas antigénicas dos agentes patogénicos.

. **Exemplos**: Hepatite B e alguns tipos de vacinas contra o HPV.

c. Vacinas de polissacáridos

. **Princípio**: Utilizar cadeias longas de moléculas de açúcar que constituem a cápsula de superfície de certas bactérias.

. **Exemplos**: Vacinas pneumocócicas.

d. Vacinas conjugadas

. **Princípio**: Ligar os polissacáridos às proteínas para melhorar a resposta imunitária, especialmente nas crianças pequenas.

. **Exemplos**: Vacinas contra Haemophilus influenzae tipo b (Hib) e meningocócica.

3. Vacinas Toxóides

. **Princípio**: Utilizar toxinas (ou toxoides) produzidas pelo agente patogénico que tenham sido inactivadas para que não possam causar doenças.

. **Exemplos**: Vacinas contra a difteria e o tétano.

4. Vacinas modernas

a. Vacinas de ARNm

. **Princípio**: Utilizar o ARN mensageiro (ARNm) para instruir as células a produzir as proteínas antigénicas do agente patogénico.

. **Exemplos**: Vacinas contra a COVID-19 da Pfizer-BioNTech e da Moderna.

b. Vacinas de vectores virais

. **Princípio**: Utilizar um vírus modificado (vetor) para introduzir o material genético que codifica o antigénio nas células hospedeiras.

. **Exemplos**: Vacinas contra o Ébola e a COVID-19 da Johnson & Johnson e da AstraZeneca.

c. Vacinas de ADN

. **Princípio**: Utilizar plasmídeos de ADN que codificam as proteínas antigénicas do agente patogénico para provocar uma resposta imunitária.

. **Exemplos**: Atualmente em desenvolvimento para várias doenças.

Processo de produção de vacinas

1. Geração de antigénios

- **Cultivo de agentes patogénicos**: Cultivo do agente patogénico (por exemplo, vírus ou bactérias) em culturas celulares, ovos ou bioreactores.

. **Tecnologia de ADN recombinante**: Utilização de organismos geneticamente modificados para produzir as proteínas antigénicas.

2. Isolamento e purificação de antigénios

. **Centrifugação e filtração**: Separação dos antigénios do meio de cultura.

. **Cromatografia**: Purificação dos antigénios para remover as impurezas e garantir a segurança.

3. Formulação

* **Adjuvantes**: Adição de substâncias que melhoram a resposta imunitária.

* **Estabilizadores**: Adição de compostos que preservam a eficácia da vacina durante o armazenamento e o transporte.

. **Conservantes**: Incluindo agentes que previnem a contaminação por bactérias ou fungos.

4. Testes e controlo de qualidade

. **Testes pré-clínicos**: Realização de estudos laboratoriais e em animais para avaliar a segurança e a eficácia.

. **Ensaios clínicos**: Realização de ensaios em seres humanos em três fases:

> o **Fase I**: Testes de segurança e de resposta imunitária em pequenos grupos.

> o **Fase II**: Testes em grupos maiores para avaliar a segurança, a dosagem e a eficácia.

o **Fase III**: Testes de segurança e eficácia em grande escala.

- **Aprovação regulamentar**: Apresentação de dados às agências reguladoras (por exemplo, FDA, EMA) para análise e aprovação.

. **Vigilância pós-comercialização**: Monitorização da segurança e da eficácia da vacina na população em geral.

Vantagens das técnicas modernas de produção de vacinas

- **Rapidez**: as tecnologias de ARNm e de vectores virais permitem um rápido desenvolvimento e implantação de vacinas.

- **Escalabilidade**: A tecnologia de ADN recombinante e os sistemas baseados em células permitem a produção em grande escala.

- **Segurança**: As vacinas modernas têm frequentemente menos efeitos secundários e menor risco de reversão da virulência.

- **Versatilidade**: Plataformas como o mRNA podem ser rapidamente adaptadas a agentes patogénicos emergentes.

Desafios e direcções futuras

- **Requisitos da cadeia de frio**: Algumas vacinas modernas, particularmente as vacinas de ARNm, requerem temperaturas ultra baixas para armazenamento e transporte.

. **Hesitância à vacina**: Abordar as preocupações do público e a desinformação sobre a segurança e a eficácia das vacinas.

. **Accsso global**: Garantir a distribuição equitativa e o acesso às vacinas a nível mundial.

- **Vacinas da próxima geração**: Desenvolvimento de vacinas universais (por exemplo, para a gripe) e promoção de abordagens de vacinas personalizadas.

4.2.3. Terapia genética

A terapia genética representa uma abordagem biotecnológica de ponta para tratar e potencialmente curar doenças genéticas através da introdução, remoção ou alteração de material genético nas células de um doente. Esta terapia inovadora visa a causa raiz das doenças a nível molecular, oferecendo esperança para doenças que são atualmente incuráveis ou mal geridas pelos tratamentos convencionais.

Tipos de terapia genética

1. Terapia de substituição de genes

. **Princípio**: Introdução de uma cópia funcional de um gene defeituoso para restaurar a função normal.

- **Aplicações**:
    - o **Fibrose cística**: Substituição do gene CFTR defeituoso para restaurar a função adequada do canal iónico.
    - o **Hemofilia**: Fornecimento de genes funcionais para factores de coagulação (por exemplo, Fator VIII ou IX) para prevenir episódios de hemorragia.

2. Edição de genes

. **Princípio**: Utilização de ferramentas moleculares para editar com precisão a sequência de ADN numa célula.

- **Tecnologias**:
    - o **CRISPR-Cas9**: Uma ferramenta altamente precisa e versátil

para editar sequências específicas de ADN.

- o **TALENs (Transcription Activator-Like Effector Nucleases)**: Proteínas personalizáveis que se ligam a sequências específicas de ADN e as cortam.

- o **ZFNs (Nucleases de Dedo de Zinco)**: Proteínas de ligação ao ADN concebidas para facilitar a edição de genes específicos.

- **Aplicações**:

  - o **Anemia falciforme**: Edição do gene responsável pela produção anómala de hemoglobina.

  - o **Distrofia muscular**: Correção de mutações no gene da distrofina.

3. Silenciamento de genes

- **. Princípio**: Utilização da interferência do RNA (RNAi) ou de oligonucleótidos anti-sentido para silenciar a expressão de genes nocivos.

- **Aplicações**:

  - o **Doença de Huntington**: Silenciar o gene mutante HTT para evitar a acumulação de proteínas tóxicas.

  - o **Hipercolesterolemia**: Reduzir a expressão de PCSK9 para baixar os níveis de colesterol.

4. Aumento de genes

- **. Princípio**: Introdução de cópias adicionais de um gene para aumentar a sua expressão e função.

- **Aplicações**:

    o **Doenças da retina**: Aumento dos genes envolvidos na função dos fotorreceptores para preservar a visão.

    o **Doença de Parkinson**: Aumento da expressão de genes que suportam a função dos neurónios dopaminérgicos.

Métodos de entrega de genes

1. **Vectores virais**

   . **Vírus Adeno-Associados (AAVs)**: Vírus não patogénicos que fornecem eficientemente genes a uma vasta gama de tecidos com baixa resposta imunitária.

   . **Lentivírus**: Vírus integradores que incorporam de forma estável genes terapêuticos no genoma do hospedeiro, úteis para a expressão a longo prazo.

   . **Adenovírus**: Vectores de elevada capacidade que fornecem grandes cargas de ADN, embora com um risco mais elevado de resposta imunitária.

2. **Vectores não virais**

   - **Nanopartículas lipídicas**: Encapsulam material genético em transportadores à base de lípidos para entrega a células-alvo, minimizando a imunogenicidade.

   . **Nanopartículas poliméricas**: Polímeros biodegradáveis que protegem e transportam genes, oferecendo uma libertação controlada e uma entrega direccionada.

- **Electroporação**: Utilização de impulsos eléctricos para criar poros temporários nas membranas celulares, facilitando a absorção de material genético.

Aplicações da terapia genética

1. Doenças monogénicas

- **Hemofilia**: Fornecimento de genes funcionais para factores de coagulação para prevenir episódios hemorrágicos.

- **Imunodeficiência Combinada Grave (SCID)**: Substituição de genes defeituosos em células imunitárias para restaurar a função imunitária.

2. Cancro

- **Terapia celular CAR-T**: Engenharia das células T de um doente para expressarem receptores de antigénios quiméricos (CARs) que visam e matam as células cancerígenas.

- **Vírus oncolíticos**: Utilização de vírus geneticamente modificados para infetar e matar seletivamente as células cancerígenas, estimulando simultaneamente uma resposta imunitária.

3. Doenças cardiovasculares

- **Doença Isquémica do Coração**: Libertação de genes que promovem a angiogénese para restaurar o fluxo sanguíneo no tecido cardíaco danificado.

- **Hipercolesterolemia familiar**: Técnicas de edição ou silenciamento de genes para reduzir os níveis de colesterol LDL.

4. **Doenças neurodegenerativas**

. **Doença de Parkinson**: Terapia genética para aumentar a produção de dopamina ou proteger os neurónios dopaminérgicos.

. **Esclerose Lateral Amiotrófica (ELA)**: Silenciamento de genes envolvidos na acumulação de proteínas tóxicas.

5. **Doenças infecciosas**

. **VIH**: Edição de genes para conferir resistência à infeção pelo VIH através da rutura do recetor CCR5.

- **Hepatite B**: Técnicas de silenciamento de genes para suprimir a replicação viral e a expressão genética.

Desafios e direcções futuras

1. **Segurança e eficácia**

. **Efeitos fora do alvo**: Minimizar as alterações genéticas não intencionais que podem causar consequências prejudiciais.

. **Resposta imunitária**: Desenvolvimento de estratégias para evitar ou gerir reacções imunitárias a vectores de terapia genética.

2. **Eficiência de entrega**

- **Direcionamento para células específicas**: Aumentar a precisão da entrega de genes aos tipos de células ou tecidos pretendidos.

. **Expressão a longo prazo**: Garantir a expressão sustentada de genes terapêuticos sem degradação ou silenciamento.

3. **Considerações éticas e regulamentares**

- **Preocupações éticas**: Abordagem de questões relacionadas com a edição de genes em células germinativas e potenciais impactos a longo prazo.

- **Aprovação regulamentar**: Navegar por vias regulamentares complexas para garantir a segurança, a eficácia e a acessibilidade das terapias genéticas.

4. Custo e acessibilidade

- **Custos de produção**: Reduzir os elevados custos associados ao desenvolvimento e fabrico da terapia genética.

- **Acesso global**: Assegurar o acesso equitativo às terapias genéticas, especialmente em locais com poucos recursos.

4.2.4. Transplante de órgãos e tecidos

O transplante de órgãos e tecidos consiste na transferência cirúrgica de um órgão ou tecido de um dador para um recetor, a fim de substituir um órgão danificado ou em falência. Esta intervenção médica oferece opções de tratamento que salvam vidas a doentes com falência de órgãos em fase terminal ou danos graves nos tecidos devido a várias doenças ou lesões.

Tipos de transplantes

1. Transplante de órgãos sólidos

- **Coração**: Substituição de um coração doente ou com insuficiência cardíaca por um coração saudável de um dador.

- **Rim**: Transplante de um rim de dador para substituir rins que não funcionam em doentes com insuficiência renal.

- **Fígado**: Transferência de um fígado de um dador para substituir um fígado danificado ou doente.

. **Pulmão**: Substituição de um ou ambos os pulmões por pulmões de um dador para tratar doenças respiratórias graves.

2. Transplante de tecidos

- **Córnea**: Transplante cirúrgico de tecido da córnea para restaurar a visão em pacientes com doenças ou lesões da córnea.

. **Medula óssea**: Transplante de células estaminais saudáveis da medula óssea para tratar certos cancros (por exemplo, leucemia) ou doenças do sangue.

. **Pele**: Enxerto de tecido cutâneo de dador para promover a cicatrização de feridas em vítimas de queimaduras ou em doentes com lesões cutâneas extensas.

. **Válvulas cardíacas**: Substituição de válvulas cardíacas danificadas por válvulas de dadores para restaurar a função cardíaca.

Avanços biotecnológicos na transplantação

1. Correspondência imunológica e imunossupressão

. **Tipagem HLA**: Técnicas avançadas de tipagem do Antigénio Leucocitário Humano (HLA) para melhorar a compatibilidade entre dador e recetor e reduzir o risco de rejeição.

. **Terapias imunossupressoras**: Desenvolvimento de fármacos imunossupressores específicos que previnem a rejeição e minimizam os efeitos secundários.

2. Preservação e transporte de órgãos

. **Soluções de preservação de órgãos**: Soluções inovadoras para prolongar a viabilidade dos órgãos durante o armazenamento e o transporte, como a perfusão hipotérmica e a criopreservação de órgãos.

- **Tecnologias de transporte**: Métodos avançados de logística e transporte para garantir a entrega atempada e segura de órgãos de dadores a centros de transplantação.

3. Engenharia de tecidos e medicina regenerativa

- **Órgãos de bioengenharia**: Desenvolvimento de órgãos bioartificiais utilizando abordagens de engenharia de tecidos para criar substitutos funcionais de órgãos doentes.

- **Terapias com células estaminais**: Utilização de células estaminais para regenerar tecidos e órgãos danificados, oferecendo potenciais alternativas ao transplante.

4. Edição de genes e tolerância a transplantes

- **Edição de genes**: Aplicação de tecnologias de edição de genes (por exemplo, CRISPR-Cas9) para modificar órgãos de dadores ou células receptoras para induzir tolerância ao transplante e evitar a rejeição.

- **Células estaminais pluripotentes induzidas (iPSCs)**: Reprogramação de células derivadas de doentes em células estaminais pluripotentes para terapias de transplante personalizadas.

Desafios na transplantação de órgãos e tecidos

1. **Escassez de órgãos de dadores**

   . **Obtenção de órgãos**: Disponibilidade insuficiente de órgãos de dadores em relação à procura de transplantes.

   * **Considerações éticas**: Abordagem de dilemas éticos relacionados com a doação, atribuição e consentimento de órgãos.

2. **Rejeição e resposta imunitária**

   . **Barreiras imunológicas**: Gestão das respostas imunitárias que conduzem à rejeição de órgãos e à doença do enxerto contra o hospedeiro (GVHD) em transplantes de células estaminais.

   . **Terapia imunossupressora**: Equilíbrio entre a necessidade de imunossupressão e o risco de infecções e outras complicações.

3. **Complexidade cirúrgica e cuidados pós-transplante**

   * **Técnicas cirúrgicas**: Avanço dos procedimentos cirúrgicos para minimizar as complicações e melhorar as taxas de sucesso dos transplantes.

   . **Monitorização a longo prazo**: Assegurar a monitorização e os cuidados ao longo da vida dos receptores de transplantes para detetar e gerir complicações.

4. **Custo e acessibilidade**

   . **Encargos financeiros**: Custos elevados associados aos procedimentos de transplante, medicamentos imunossupressores e cuidados prolongados.

- **Acesso equitativo**: Assegurar um acesso justo e equitativo aos serviços de transplantação em diversas populações e regiões.

Direcções futuras e inovações

1. **Xenotransplante**

   - **Utilização de órgãos animais**: Investigar o potencial da utilização de órgãos de animais geneticamente modificados (xenoenxertos) para ultrapassar a escassez de órgãos de dadores.

2. **Bioimpressão 3D**

   - **Fabrico de órgãos personalizados**: Avanço das tecnologias de bioimpressão 3D para criar tecidos e órgãos específicos para cada paciente utilizando biotintas e células estaminais.

3. **Estratégias de imunomodulação**

   - **Indução de tolerância**: Desenvolvimento de estratégias para induzir tolerância imunitária e minimizar a necessidade de imunossupressão ao longo da vida.

4. **Inteligência Artificial (IA) e Grandes Dados**

   - **Modelação preditiva**: Aproveitamento da IA e da análise de grandes volumes de dados para otimizar a atribuição de órgãos, prever resultados e personalizar planos de tratamento.

A medicina legal, também conhecida como patologia forense ou medicina legal, engloba a aplicação de conhecimentos e técnicas médicas a questões jurídicas. Desempenha um papel crucial na investigação de casos criminais, na identificação de restos mortais humanos e na determinação da causa e do modo de morte. Os avanços biotecnológicos aumentaram significativamente as capacidades e a precisão da medicina legal, oferecendo ferramentas sofisticadas para a análise e identificação de provas. Eis uma panorâmica da forma como a biotecnologia é aplicada na medicina forense:

4.2.5. Aplicações da biotecnologia em medicina legal

1. Análise e caraterização do ADN

- **. Princípio**: Utilização de tecnologias de extração, amplificação (via PCR) e sequenciação de ADN para analisar material genético para fins de identificação e definição de perfis.

- **Aplicações**:
  - o **Impressão digital de ADN**: Estabelecimento de perfis genéticos únicos para indivíduos, essencial para investigações criminais e testes de paternidade.
  - o **Bases de dados de ADN forense**: Compilação de perfis genéticos de locais de crime e de suspeitos para ajudar na identificação e apreensão de criminosos.
  - o **Desastres em massa**: Identificação das vítimas através da análise do ADN dos restos mortais, facilitando a identificação das vítimas e o encerramento das famílias.

2. Toxicologia forense

- **. Princípio**: Utilização de técnicas analíticas para detetar e quantificar drogas, álcool e outras substâncias tóxicas em amostras biológicas.

- **Aplicações**:

  o **Determinação da causa de morte**: Análise de amostras de sangue, urina e tecidos para identificar substâncias que contribuíram para a morte.

  o **Implicações legais**: Fornecer provas de consumo de substâncias ou envenenamento em processos criminais e investigações de acidentes.

  o **Estabilidade dos medicamentos post-mortem**: Desenvolvimento de métodos para avaliar com exatidão os níveis de fármacos no momento da morte, apesar das alterações post-mortem.

3. **Antropologia e odontologia forense**

  . **Princípio**: Aplicação de técnicas biológicas e dentárias para identificar restos humanos e estabelecer características individuais.

- **Aplicações**:

  o **Determinação da idade e do sexo**: Utilização de restos de esqueletos e dentes para estimar a idade, o sexo e a ascendência.

  o **Reconstrução facial**: Utilização de imagens e modelação 3D para recriar características faciais para efeitos de identificação.

  o **Análise de marcas de dentadas**: Exame de marcas de

dentadas em vítimas ou suspeitos para determinar a identidade ou o envolvimento em casos criminais.

4. Entomologia forense

. **Princípio**: Estudar os padrões de colonização de insectos em restos mortais em decomposição para estimar o intervalo post-mortem (PMI).

- **Aplicações**:
  - o **Estimativa da hora da morte**: Analisar a atividade dos insectos e as fases de desenvolvimento para determinar há quanto tempo um corpo está morto.
  - o **Origem geográfica**: Identificação da origem geográfica de um cadáver com base nas espécies de insectos presentes, ajudando na investigação criminal.

5. Tecnologias biométricas

. **Princípio**: Utilização de técnicas biométricas avançadas para analisar as características físicas e comportamentais para efeitos de identificação.

- **Aplicações**:
  - o **Reconhecimento facial**: Correspondência de características faciais de imagens do local do crime com bases de dados para identificação de suspeitos.
  - o **Análise de voz**: Avaliação de gravações de voz para efeitos de identificação e verificação.
  - o **Análise da marcha**: Análise de padrões de marcha para

ligar indivíduos a locais de crime com base em videovigilância.

Ferramentas e técnicas biotecnológicas

- **Sequenciação de nova geração (NGS)**: Melhoria das capacidades de análise do ADN através da sequenciação rápida e exacta de genomas completos ou de regiões de genes específicos.

- **Tecnologia de microarray**: Análise simultânea de múltiplos marcadores genéticos para criar perfis pormenorizados a partir de amostras biológicas limitadas.

- **Tecnologia CRISPR**: Avanço das técnicas de edição de genes para aplicações forenses, como a edição de sequências de ADN em análises genéticas.

- **Gestão de bases de dados biométricos**: Armazenamento e análise segura de conjuntos de dados biométricos em grande escala para facilitar a identificação e correspondência rápidas.

Desafios e considerações éticas

- **Preocupações com a privacidade**: Proteção dos dados genéticos e biométricos contra o acesso não autorizado e a utilização indevida.

- **Normas legais**: Assegurar o cumprimento das normas legais e dos requisitos da cadeia de custódia das provas forenses.

- **Utilização ética das biotecnologias**: Abordagem de dilemas éticos relacionados com a utilização de informação genética em investigações criminais e direitos de privacidade.

Direcções futuras

- **Integração da Inteligência Artificial (IA)**: Implementação de algoritmos de IA para reconhecimento de padrões, análise de dados e apoio à decisão em investigações forenses.

- **Avanços na investigação forense microbiana**: Utilização de assinaturas microbianas para associar indivíduos a ambientes ou localizações geográficas específicas.

- **Colaboração global e normas**: Estabelecimento de quadros internacionais para as práticas forenses biotecnológicas, a fim de aumentar a precisão, a fiabilidade e a interoperabilidade.

Conclusão

A biotecnologia continua a transformar a medicina forense, aumentando a precisão e o âmbito das técnicas de investigação utilizadas na justiça penal e na identificação de vítimas de catástrofes. À medida que as tecnologias evoluem, os peritos forenses estão mais bem equipados para resolver casos complexos e dar respostas críticas em processos judiciais, contribuindo para a justiça e a segurança pública em todo o mundo.

4.2.6. A investigação sobre células estaminais e o seu potencial na medicina

A investigação em células estaminais é muito promissora em medicina devido à capacidade única das células estaminais para se diferenciarem em vários tipos de células especializadas e regenerarem tecidos danificados. Este domínio da biotecnologia tem o potencial de revolucionar os tratamentos médicos para uma vasta gama de condições, desde doenças degenerativas a lesões e doenças genéticas. Aqui está uma exploração da investigação sobre células estaminais e das suas potenciais aplicações na medicina:

Tipos de células estaminais

1. Células estaminais embrionárias (ESCs)

- **Origem**: Derivado de embriões em fase inicial (blastocistos).

- **Propriedades**: Pluripotente, capaz de se diferenciar em qualquer tipo de célula do corpo.

- **Aplicações**: Utilizadas na investigação fundamental e na medicina regenerativa pela sua versatilidade na geração de células especializadas.

2. Células estaminais adultas (ASCs)

. **Origem**: Encontrado em tecidos específicos do corpo (por exemplo, medula óssea, tecido adiposo).

- **Propriedades**: Multipotente, capaz de se diferenciar numa gama limitada de tipos de células relacionadas com o seu tecido de origem.

- **Aplicações**: Utilizado em terapias de reparação e regeneração de tecidos.

3. Células estaminais pluripotentes induzidas (iPSCs)

- **Origem**: Células adultas (por exemplo, células da pele) reprogramadas para reverter para um estado pluripotente.

- **Propriedades**: Semelhante às CTE, pluripotente e capaz de se diferenciar em vários tipos de células.

. **Aplicações**: Utilizado para modelação de doenças, ensaios de medicamentos e potenciais terapias específicas para os doentes.

Aplicações potenciais em medicina

1. **Medicina regenerativa**

   - **Reparação e substituição de tecidos**: Geração de células e tecidos saudáveis para transplante com o objetivo de substituir tecidos danificados ou doentes (por exemplo, músculo cardíaco, células pancreáticas).

   - **Regeneração do osso e da cartilagem**: Reparação de fracturas ósseas, defeitos de cartilagem e lesões articulares utilizando células estaminais mesenquimais.

   - **Doenças neurológicas**: Restabelecimento da função neural e reparação de lesões da medula espinal utilizando células estaminais neurais.

2. **Modelação de doenças e ensaios de medicamentos**

   - **Modelos específicos dos doentes**: Utilização de iPSCs derivadas de doentes para estudar os mecanismos das doenças, selecionar medicamentos e personalizar abordagens de tratamento (por exemplo, para doenças genéticas como a fibrose cística ou a doença de Parkinson).

   - **Rastreio da toxicidade**: Testar a eficácia e a segurança de potenciais candidatos a medicamentos em tecidos derivados de células estaminais antes dos ensaios clínicos.

3. **Terapias celulares**

   - **Tratamento do cancro**: Engenharia de células imunitárias (por exemplo, células CAR-T) derivadas de células estaminais para atingir e destruir células cancerígenas.

- **Tratamento da diabetes**: Diferenciação de células estaminais em células beta produtoras de insulina para transplante em doentes com diabetes.

4. Doença cardíaca e reparação cardiovascular

Regeneração cardíaca: Reparação de tecido cardíaco danificado e promoção da angiogénese utilizando terapias baseadas em células estaminais após ataques cardíacos ou em doentes com insuficiência cardíaca.

Reparação vascular: Utilização de células progenitoras endoteliais para reparar vasos sanguíneos danificados e melhorar a circulação.

Avanços biotecnológicos

Edição de genes CRISPR-Cas9: Edição de genomas de células estaminais para corrigir mutações genéticas associadas a doenças antes da diferenciação em tipos específicos de células.

Bioimpressão 3D: Fabrico de tecidos e órgãos complexos utilizando células estaminais e biotintas para imitar estruturas naturais para transplante.

Biomateriais e Scaffolds: Conceção de materiais para apoiar o crescimento, a diferenciação e a integração de células estaminais em tecidos hospedeiros.

Desafios e considerações

Rejeição imunológica: Abordagem das respostas imunitárias contra as células estaminais transplantadas e garantia de compatibilidade.

Potencial Tumorigénico: Monitorização e atenuação do risco de as células estaminais formarem tumores (teratomas) durante o transplante.

Quadros éticos e regulamentares: Navegar pelas considerações éticas que envolvem a utilização de células estaminais embrionárias e garantir a conformidade com as normas regulamentares para aplicações clínicas.

Direcções futuras

Medicina personalizada: Avançar para terapias específicas dos doentes utilizando iPSCs e estratégias de tratamento adaptadas com base em perfis genéticos.

Desenvolvimento de organoides e órgãos em miniatura: Cultivo de organóides a partir de células estaminais para modelar sistemas de órgãos complexos para testes de medicamentos e investigação de doenças.

Colaboração global e ensaios clínicos: Realização de ensaios clínicos em grande escala para avaliar a segurança e a eficácia de terapias baseadas em células estaminais em diversas populações de doentes.

4.2.7. A genómica e o potencial para o desenvolvimento de novos medicamentos

A genómica, o estudo de toda a constituição genética de um organismo (genoma), revolucionou o desenvolvimento de medicamentos ao fornecer conhecimentos sobre a base genética das doenças e ao permitir a descoberta de novos alvos terapêuticos. Esta área da biotecnologia utiliza sequenciação avançada, biologia computacional e bioinformática para analisar genomas e identificar variações genéticas associadas a doenças. Aqui está uma exploração da genómica e do seu potencial para o desenvolvimento de novos medicamentos:

Genómica e descoberta de medicamentos

1. **Compreender os mecanismos da doença**

   - **Variantes genéticas**: Identificação de variações genéticas (polimorfismos de nucleótido único, SNPs) associadas a doenças como o cancro, doenças cardiovasculares e condições neurológicas.

   - **Expressão génica**: Análise dos padrões de expressão dos genes para descobrir vias desreguladas e mecanismos moleculares subjacentes às doenças.

   - **Genómica de agentes patogénicos**: Estudo dos genomas microbianos para compreender os factores de virulência e os mecanismos de resistência aos antibióticos.

2. **Identificação e validação de alvos**

   . **Alvos de medicamentos**: Identificação de genes, proteínas ou vias metabólicas implicadas na progressão da doença como potenciais alvos de intervenção terapêutica.

   . **Descoberta de biomarcadores**: Identificação de biomarcadores - marcadores genéticos ou perfis de expressão genética - que podem prever a suscetibilidade, a progressão ou a resposta ao tratamento de uma doença.

3. **Medicina personalizada**

   . **Farmacogenómica**: Adaptação de terapias medicamentosas com base em perfis genéticos individuais para otimizar a eficácia e minimizar os efeitos adversos.

- **Estratificação de doentes**: Estratificação de doentes em subgrupos com base em perfis genéticos para prever as respostas e os resultados do tratamento.

Aplicações no desenvolvimento de novos medicamentos

1. **Terapias direccionadas**

   . **Medicina de precisão**: Desenvolvimento de medicamentos que visam mutações genéticas específicas ou vias moleculares implicadas em doenças (por exemplo, terapias específicas contra o cancro, como os inibidores BRAF).

   . **Anticorpos monoclonais**: Conceção de anticorpos que se ligam a proteínas específicas expressas em células cancerígenas ou patogénicas para uma terapia orientada.

2. **Farmacogenómica**

   . **Previsão da resposta a medicamentos**: Utilização de testes genéticos para prever como os indivíduos responderão a determinados medicamentos (por exemplo, dosagem de varfarina com base nos genótipos CYP2C9 e VKORC1).

   . **Reacções adversas a medicamentos**: Identificação de factores genéticos que predispõem os indivíduos a reacções adversas a medicamentos para melhorar os perfis de segurança dos medicamentos.

3. **Reaproveitamento de medicamentos**

   . **Extração de dados genómicos**: Reorientação dos medicamentos existentes para novas indicações com base em conhecimentos genómicos sobre os mecanismos da doença e as interacções medicamento-alvo.

- **Terapias de combinação de medicamentos**: Identificação de combinações sinérgicas de medicamentos através da análise genómica para aumentar a eficácia e superar a resistência.

Ferramentas e técnicas biotecnológicas

- **Sequenciação de nova geração (NGS)**: Permite a sequenciação de alto rendimento de genomas para analisar rapidamente grandes volumes de dados genéticos.

- **Bioinformática e biologia computacional**: Desenvolvimento de algoritmos e bases de dados para interpretar dados genómicos, prever estruturas proteicas e modelar interacções droga-alvo.

- **. Edição do genoma CRISPR-Cas9**: Edição de genes específicos em modelos celulares e animais para validar alvos de medicamentos e estudar mecanismos de doenças.

Desafios e considerações

- **Integração e interpretação de dados**: Gestão e integração de grandes quantidades de dados genómicos para extrair informações significativas para a descoberta de medicamentos.

- **Questões éticas e legais**: Abordagem das questões de privacidade, consentimento para testes genéticos e utilização responsável da informação genética na investigação e na prática clínica.

- **Validação e tradução**: Garantir que as descobertas genómicas se traduzam em intervenções terapêuticas clinicamente significativas através de uma validação pré-clínica e clínica rigorosa.

Direcções futuras

- **Genómica de célula única**: Técnicas avançadas para analisar células individuais e compreender a heterogeneidade celular na doença, melhorando as abordagens da medicina de precisão.

- **. IA e aprendizagem automática**: Integração de algoritmos de IA para prever interacções fármaco-alvo, identificar novos candidatos a medicamentos e otimizar a conceção de ensaios clínicos.

- **Colaboração global e partilha de dados**: Promover a colaboração internacional e iniciativas de partilha de dados para acelerar a investigação genómica e o desenvolvimento de medicamentos a nível mundial.

4.2.8. Medicamentos à base de proteínas

Os medicamentos à base de proteínas, também conhecidos como biológicos ou biofarmacêuticos, são uma classe de agentes terapêuticos derivados de proteínas, péptidos, anticorpos ou outras substâncias biológicas. Estes medicamentos têm vantagens distintas em relação aos medicamentos tradicionais de pequenas moléculas, oferecendo terapias direccionadas com elevada especificidade e toxicidade reduzida. Aqui está uma visão geral dos medicamentos à base de proteínas, seus tipos, aplicações e considerações biotecnológicas:

Tipos de medicamentos à base de proteínas

1. **Anticorpos monoclonais (mAbs)**

   - **Estrutura**: Anticorpos concebidos para se ligarem a antigénios ou proteínas específicos nas células com elevada afinidade e especificidade.

- **Aplicações**: Tratamento do cancro (por exemplo, inibidores do ponto de controlo imunitário), doenças auto-imunes (por exemplo, artrite reumatoide) e doenças infecciosas (por exemplo, terapias com anticorpos monoclonais contra a COVID-19).

2. Proteínas Recombinantes

- **Produção**: Proteínas produzidas por organismos geneticamente modificados (por exemplo, bactérias, leveduras, células de mamíferos) para imitar as proteínas que ocorrem naturalmente.

- **Exemplos**: Insulina para o tratamento da diabetes, factores de crescimento (por exemplo, eritropoietina, G-CSF) para estimular o crescimento e a diferenciação celular.

3. Proteínas de fusão

- **Desenho**: Proteínas híbridas que combinam os domínios funcionais de diferentes proteínas para aumentar os efeitos terapêuticos.

- **Aplicações**: Entrega orientada de medicamentos a células ou tecidos específicos (por exemplo, conjugados anticorpo-fármaco para a terapia do cancro).

4. Enzimas terapêuticas

- **Função**: Enzimas utilizadas para substituir enzimas deficientes ou disfuncionais em doenças metabólicas (por exemplo, terapia de substituição enzimática para doenças de armazenamento lisossómico).

. Exemplos: Alteplase para dissolução de coágulos em acidentes vasculares cerebrais, asparaginase para tratamento de leucemia.

Vantagens dos medicamentos à base de proteínas

- **Elevada especificidade**: Visam alvos moleculares específicos, reduzindo os efeitos fora do alvo em comparação com os medicamentos de pequenas moléculas.

- **. Baixa imunogenicidade**: Muitas vezes menos imunogénicos devido à sua origem biológica, reduzindo as respostas imunitárias adversas.

- **Potência**: Eficaz em doses mais baixas e pode ter uma duração de ação prolongada.

- **Biodegradabilidade**: Decompõe-se em aminoácidos, minimizando o impacto ambiental em comparação com os produtos químicos sintéticos.

Considerações biotecnológicas

- **. Engenharia de proteínas**: Modificação das estruturas proteicas para melhorar a estabilidade, a eficácia e as propriedades farmacocinéticas.

- **Sistemas de expressão**: Otimização da produção em vários sistemas de expressão (por exemplo, bactérias, leveduras, células de mamíferos) para escalabilidade e rentabilidade.

- **. Purificação**: Desenvolvimento de métodos de purificação eficientes para isolar e purificar proteínas biologicamente activas de sistemas de produção.

Desafios e considerações

- **Complexidade**: O tamanho e a complexidade das moléculas requerem condições de fabrico e armazenamento especializadas.

- **Custo**: Custos de produção mais elevados do que os dos medicamentos de pequenas moléculas devido à complexidade dos processos de fabrico.

- **Administração**: Requerem frequentemente administração parentérica (por exemplo, injeção) devido à fraca biodisponibilidade oral.

Aplicações em medicina

- **Terapia do cancro**: Anticorpos monoclonais que visam antigénios específicos do cancro (por exemplo, trastuzumab para o cancro da mama HER2-positivo).

- **Doenças auto-imunes**: Direcionar citocinas inflamatórias ou células imunitárias envolvidas em respostas auto-imunes (por exemplo, adalimumab para a artrite reumatoide).

- **Doenças infecciosas**: Imunização passiva utilizando anticorpos monoclonais contra vírus (por exemplo, terapias com anticorpos monoclonais contra a COVID-19).

- **Doenças raras**: Terapias de substituição enzimática para doenças de armazenamento lisossómico (por exemplo, doença de Gaucher).

Direcções futuras

- **Biossimilares**: Desenvolvimento de versões biossimilares de medicamentos à base de proteínas para aumentar a acessibilidade económica e o acesso.

. **Medicina personalizada**: Adaptação de terapias proteicas com base em perfis genéticos individuais e características da doença.

. **Terapias de combinação**: Combinação de diferentes medicamentos à base de proteínas ou combinação com pequenas moléculas para melhorar os resultados terapêuticos.

5. BIOTECNOLOGIA AGRÍCOLA

A biotecnologia agrícola engloba a utilização de técnicas científicas para melhorar as plantas, os animais e os microrganismos utilizados na agricultura. Integra várias disciplinas, como a genética, a biologia molecular, a genómica e a bioinformática, para aumentar a produtividade das culturas, a resistência a pragas e doenças, o conteúdo nutricional e a sustentabilidade ambiental. Aqui está uma visão geral da biotecnologia agrícola, suas aplicações, benefícios e considerações:

Aplicações da biotecnologia agrícola

1. Melhoramento das culturas

- **Modificação genética**: Introdução de genes de organismos não relacionados (transgenes) nas culturas para conferir características desejáveis, tais como:

  - **Resistência a pragas**: Incorporação de genes de resistência a insectos (por exemplo, genes Bt contra pragas de insectos) para reduzir a utilização de pesticidas.

  - **Tolerância a herbicidas**: Engenharia de culturas para tolerar herbicidas específicos, facilitando o controlo eficaz de ervas daninhas.

  - **Resistência a doenças**: Aumento da resistência a doenças virais, bacterianas e fúngicas, reduzindo as perdas de colheitas.

2. Melhoria nutricional

- **Biofortificação**: Aumento do teor de nutrientes das culturas através da modificação genética ou do melhoramento genético para combater a subnutrição e as carências alimentares (por exemplo, culturas enriquecidas com vitaminas).

3. Sustentabilidade ambiental

- **Impacto ambiental reduzido**: Promover práticas agrícolas sustentáveis, reduzindo a utilização de pesticidas e minimizando a erosão do solo.

- **Resiliência climática**: Desenvolvimento de culturas resistentes aos efeitos das alterações climáticas, como a seca, a salinidade e as temperaturas extremas.

4. Agricultura de precisão

- **Sensoriamento remoto e GIS**: Utilização de imagens de satélite, drones e Sistemas de Informação Geográfica (SIG) para uma monitorização precisa das culturas, das condições do solo e da utilização da água.

- **Análise de dados**: Análise de grandes volumes de dados para otimizar os calendários de plantação, a irrigação e as aplicações de fertilizantes, melhorando o rendimento e a eficiência dos recursos.

Benefícios da biotecnologia agrícola

- **Aumento do rendimento**: Melhorar a produtividade e a qualidade das culturas para satisfazer a procura mundial de alimentos.

- **Redução de insumos**: Reduzir a utilização de pesticidas, herbicidas e fertilizantes, conduzindo a poupanças de custos e benefícios ambientais.

. **Melhoria da segurança alimentar**: Reforçar a resistência das culturas a stresses bióticos e abióticos, assegurando uma produção alimentar estável em condições climáticas variáveis.

* **Agricultura sustentável**: Promoção de práticas agrícolas respeitadoras do ambiente e conservação dos recursos naturais.

Considerações e desafios

* **Supervisão regulamentar**: Garantir avaliações de segurança e aprovações regulamentares para organismos geneticamente modificados (OGM) antes da sua libertação comercial.

. **Perceção pública**: Responder às preocupações dos consumidores e promover a transparência no que respeita à segurança e aos benefícios das culturas biotecnologicamente modificadas.

. **Biodiversidade**: Monitorização de potenciais impactos na biodiversidade, incluindo efeitos não intencionais em organismos não visados.

* **Direitos de propriedade intelectual**: Equilíbrio entre os direitos das empresas de biotecnologia, dos agricultores e dos consumidores no acesso e utilização de sementes e tecnologias melhoradas biotecnologicamente.

Direcções futuras da biotecnologia agrícola

* **Edição de genes**: Técnicas avançadas como a CRISPR-Cas9 para a edição precisa do genoma, a fim de desenvolver novas variedades de culturas com melhorias específicas.

* **Biologia sintética**: Conceção de novos sistemas e vias biológicas para melhorar as características e a produtividade das culturas.

. **Tecnologias ómicas**: Integrar a genómica, a proteómica e a metabolómica para compreender a biologia das culturas de forma abrangente e acelerar a descoberta de características.

• **Colaboração global**: Promover a cooperação internacional para enfrentar os desafios globais da segurança alimentar e os objectivos da agricultura sustentável.

5.1. Cultura de células e tecidos vegetais e de meristemas

A cultura de células e tecidos vegetais, incluindo a cultura de meristemas, são técnicas vitais na biotecnologia agrícola e na ciência vegetal. Envolvem o cultivo de células, tecidos ou órgãos vegetais num ambiente artificial em condições controladas. Estas técnicas permitem a propagação de plantas, a conservação da diversidade genética e a produção de plantas sem doenças. Eis uma panorâmica da cultura de células e tecidos vegetais, centrada na cultura de meristemas:

Cultura de células e tecidos vegetais

1. **Tipos de culturas**

   - **Cultura de calos**: Cultura de células indiferenciadas que proliferam e formam uma massa de células (calo), que pode ser induzida a regenerar-se em plantas inteiras.

   - **Cultura em suspensão**: Cultivo de células num meio líquido sob agitação, utilizado para a produção em grande escala de células vegetais para estudos bioquímicos ou produção de metabolitos secundários.

   - **Cultura de órgãos**: Cultura de órgãos vegetais específicos (por exemplo, raízes, rebentos, embriões) em condições controladas para estudar o crescimento e o desenvolvimento ou induzir a organogénese.

2. **Aplicações**

   - **Micropropagação**: Propagação em massa de plantas a partir de um pequeno pedaço de tecido (por exemplo, pontas de rebentos), gerando clones com características desejáveis, tais como resistência a doenças ou rendimento elevado.

   - **Conservação de germoplasma**: Preservação da diversidade genética através do armazenamento in vitro de células ou tecidos de espécies vegetais ameaçadas ou raras.

   - **Embriogénese somática**: Induzir a formação de embriões a partir de células somáticas, útil para a propagação clonal e a transformação genética.

Cultura de meristema

1. **Tipos de meristemas**

   . **Meristema apical**: Encontrado nas pontas dos rebentos e das raízes, responsável pelo crescimento primário e pela diferenciação dos tecidos vegetais.

   . **Meristema axilar**: Localizado nas axilas das folhas, produzindo rebentos laterais (ramos) ou flores.

2. **Aplicações**

   . **Produção de plantas sem vírus**: A cultura de meristemas é utilizada para produzir plantas isentas de vírus (limpas) a partir de plantas-mãe infectadas, uma vez que os meristemas estão frequentemente isentos de vírus.

   • **Transformação genética**: Introdução de genes estranhos nos meristemas das plantas para gerar plantas transgénicas com características desejadas, como a resistência a herbicidas ou um melhor conteúdo nutricional.

   . **Propagação clonal**: Produção de um grande número de plantas idênticas com características desejáveis num curto espaço de tempo, mantendo a uniformidade genética.

Técnicas e métodos

   • **Condições estéreis**: Cultura de tecidos vegetais em condições assépticas para evitar a contaminação por bactérias, fungos ou outros microrganismos.

   . **Formulação de meios**: Conceber meios nutritivos com hormonas específicas (por exemplo, auxinas, citocininas) e suplementos para promover o crescimento, a diferenciação e a regeneração.

- **Protocolos de regeneração**: Otimização de protocolos para induzir a formação de rebentos ou raízes a partir de calos ou culturas embriogénicas, garantindo uma elevada eficiência e viabilidade.

Vantagens e desafios

- **Vantagens**:

  o Propagação rápida de plantas com características desejáveis.

  o Conservação de espécies raras ou ameaçadas de extinção.

  o Produção de plantas livres de doenças para a agricultura.

- **Desafios**:

  o Elevado custo e intensidade de trabalho para manter as condições estéreis.

  o Instabilidade genética e variação somaclonal em plantas regeneradas.

  o Considerações éticas relativas à modificação genética e aos direitos de propriedade intelectual.

Direcções futuras

- **Técnicas de transformação melhoradas**: Melhorar a eficiência e a precisão da modificação genética utilizando ferramentas avançadas como CRISPR-Cas9.

- **Automação e Robótica**: Implementação de sistemas automatizados para a produção em larga escala de plântulas uniformes.

- **Integração com tecnologias ómicas**: Combinando a cultura de tecidos com a genómica, a proteómica e a metabolómica para uma análise abrangente e melhoria das características das plantas.

5.2. Cultura de protoplastos e manipulação de protoplastos

A cultura e a manipulação de protoplastos são técnicas avançadas da biotecnologia vegetal que envolvem o isolamento e a cultura de células vegetais sem as suas paredes celulares. Os protoplastos são isolados através da remoção enzimática da parede celular, resultando em células nuas que podem ser manipuladas geneticamente, fundidas ou regeneradas em plantas inteiras sob condições controladas. Aqui está uma visão geral da cultura e manipulação de protoplastos:

Cultura de protoplastos

1. **Isolamento de protoplastos**

    . **Digestão enzimática**: Utilização de enzimas que digerem a parede celular (por exemplo, celulases, pectinases) para remover a parede celular e libertar protoplastos.

    - **Suspensão celular**: Recolha de protoplastos isolados num meio líquido para manter a sua viabilidade e evitar a agregação.

2. **Cultura de protoplastos**

    - **Meio de regeneração**: Fornecimento de um meio rico em nutrientes suplementado com reguladores de crescimento vegetal (PGRs), como auxinas e citocininas, para estimular a divisão e a regeneração.

- **Condições**: Cultura de protoplastos em condições ambientais controladas (por exemplo, temperatura, intensidade da luz) para promover a divisão e o crescimento celular.

Manipulação de protoplastos

1. **Transformação genética**

   - **Introdução de ADN estranho**: Utilização de métodos como a electroporação, a microinjecção ou a biolística (pistola de genes) para introduzir ADN em protoplastos para modificação genética.

   - **Marcadores seleccionáveis**: Incorporação de genes marcadores seleccionáveis (por exemplo, genes de resistência a antibióticos) juntamente com o gene de interesse para identificar e selecionar protoplastos transformados.

2. **Fusão de protoplastos**

   - **Fusão de polietilenoglicol (PEG)**: Fusão de protoplastos de diferentes espécies ou variedades de plantas para combinar características desejáveis (por exemplo, resistência a doenças, alto rendimento).

   - **Fusão por campo elétrico**: Aplicação de um campo elétrico para induzir a fusão de protoplastos, facilitando a hibridação genética e a fusão de células somáticas.

Aplicações da cultura e manipulação de protoplastos

1. **Engenharia genética**

   . **Produção de plantas transgénicas**: Introdução de genes para características desejadas (por exemplo, resistência a herbicidas, conteúdo nutricional melhorado) em protoplastos para regeneração em plantas inteiras.

- **Edição de genes**: Utilização de ferramentas como o CRISPR-Cas9 para editar com precisão os genomas das plantas, visando genes específicos ou sequências reguladoras em protoplastos.

2. Hibridação e melhoramento de culturas

- **Hibridação somática**: Geração de plantas híbridas com características combinadas de diferentes espécies ou variedades, ultrapassando as barreiras tradicionais de reprodução.

- **Empilhamento de características**: Incorporação de múltiplas características benéficas numa única planta através da fusão e regeneração de protoplastos.

Vantagens e desafios

Vantagens

- **Rapidez e eficiência**: Produção rápida de plantas geneticamente modificadas em comparação com os métodos tradicionais de reprodução.

- **Manipulação genética**: Facilitar modificações genéticas exactas e a integração de características.

- **Contornando a reprodução sexual**: Ultrapassar as limitações das barreiras de incompatibilidade sexual ou esterilidade na hibridação.

Desafios

- **Eficiência de regeneração**: Baixa eficiência da regeneração de

protoplastos em plantas inteiras, exigindo a otimização das
condições de cultura.

- **Estabilidade genética**: Assegurar a expressão estável dos genes
introduzidos e minimizar a variação somaclonal.

- **Questões éticas e regulamentares**: Abordagem das
preocupações relacionadas com a utilização de organismos
geneticamente modificados (OGM) e os direitos de propriedade
intelectual.

Direcções futuras

. **Melhoria dos protocolos de regeneração**: Melhoria das técnicas
de fusão e regeneração de protoplastos para aumentar a eficiência
e a viabilidade.

- **Genómica funcional**: Integração de tecnologias ómicas
(genómica, transcriptómica, metabolómica) com cultura de
protoplastos para análise exaustiva e descoberta de
características.

. **Aplicações ambientais**: Desenvolvimento de culturas tolerantes
ao stress através da modificação genética e da hibridação
utilizando técnicas de protoplastos para enfrentar as alterações
climáticas e os desafios da segurança alimentar.

5.3. Cultura de micrósporos/ânteres e produção de haplóides

A cultura de micrósporos e anteras é uma técnica especializada em
biotecnologia vegetal utilizada para produzir plantas haplóides, que têm
um único conjunto de cromossomas (n) em vez dos habituais dois

conjuntos (2n). Estas plantas haplóides podem ser valiosas no melhoramento de plantas e na investigação genética, uma vez que permitem a rápida geração de linhas homozigóticas e o estudo de características recessivas. Aqui está uma visão geral da cultura de micrósporos e anteras, com foco na produção de haplóides:

Cultura de micrósporos

1. Isolamento de Microsporos

. **Fase de micrósporo**: Isolamento de grãos de pólen imaturos (micrósporos) de botões florais antes de amadurecerem em grãos de pólen.

. **Tratamento enzimático**: Aplicação de uma digestão enzimática para libertar os micrósporos das anteras.

2. Cultura de Microsporos

- **Meio de regeneração**: Cultura de micrósporos isolados num meio rico em nutrientes suplementado com reguladores de crescimento de plantas (PGRs), tais como auxinas e citocininas.

- **Condições**: Proporcionar condições óptimas (temperatura, luz, humidade) para induzir a divisão dos micrósporos e a sua regeneração em embriões ou plantas haplóides.

Cultura de anteras

1. Isolamento de anteras

. **Estágio da antera**: Remoção dos botões florais ou das anteras que contêm grãos de pólen no estádio de desenvolvimento adequado.

- **Esterilização da superfície**: Tratamento de anteras para remover contaminantes e manter condições estéreis.

2. Cultura de anteras

. **Composição do meio**: Colocação das anteras num meio de cultura suplementado com PGRs para induzir a formação de calos e a subsequente regeneração.

. **Desenvolvimento de embriões**: Estimular o desenvolvimento de embriões haplóides a partir do calo, seguido da sua regeneração em plantas haplóides completas.

Aplicações da produção de haplóides

1. Reprodução acelerada

. **Linhas Homozigotas**: Produzir linhas homozigóticas (de raça pura) mais rapidamente do que os métodos tradicionais, facilitando o desenvolvimento de novas cultivares com características desejáveis.

- **Expressão de traço recessivo**: Estudo de características recessivas através da observação da sua expressão em plantas haplóides sem um alelo dominante homólogo.

2. Investigação genética

. **Mapeamento de genes**: Mapeamento de genes e estudo da expressão genética em plantas haplóides para compreender a sua função e interacções genéticas.

- **Edição e transformação de genes**: Utilização de culturas haplóides para transformação genética e técnicas de edição de genes como CRISPR-Cas9 para introduzir ou modificar genes de interesse.

Vantagens e desafios

Vantagens

- **Geração rápida**: Produzindo rapidamente linhas homozigóticas e acelerando os programas de melhoramento.

- **Manipulação genética**: Facilitar a investigação genética e as aplicações biotecnológicas através do estudo da função dos genes e da modificação dos genomas.

- **Variação genética**: Introdução de novas variações genéticas através de mutagénese induzida e edição de genes.

Desafios

- **Eficiência da regeneração**: Otimização das condições de cultura para aumentar a eficiência da formação de embriões haplóides e da regeneração de plantas.

. **Duplicação de cromossomas**: Indução da duplicação dos cromossomas (duplicação do número de cromossomas de n para 2n) em plantas haplóides para restaurar a fertilidade e obter linhas estáveis e férteis.

- **Estabilidade genética**: Assegurar a estabilidade genética e minimizar a variação somaclonal em plantas haplóides regeneradas.

Direcções futuras

. **Integração dos ómicos**: Integração de análises genómicas, transcriptómicas e proteómicas com cultura de micrósporos e anteras para melhorar a compreensão da biologia das plantas e a seleção de características.

.   **Avanços tecnológicos**: Desenvolvimento de sistemas automatizados e de técnicas de elevado rendimento para o rastreio e seleção de linhas haplóides desejáveis.

*   **Resiliência climática**: Utilização de culturas haplóides para desenvolver culturas tolerantes ao stress e enfrentar os desafios colocados pelas alterações climáticas e pelos factores de stress ambiental.

5.4.   Fertilização in vitro e métodos de salvamento de embriões

A fertilização in vitro (FIV) e os métodos de salvamento de embriões são técnicas avançadas utilizadas na biotecnologia e no melhoramento vegetal para ultrapassar barreiras reprodutivas, aumentar o sucesso da hibridação e propagar plantas com características desejáveis. Estes métodos envolvem a manipulação de processos reprodutivos em condições laboratoriais controladas para produzir embriões e plantas viáveis. Aqui está uma visão geral dos métodos de FIV e de resgate de embriões na biotecnologia vegetal:

Fertilização in vitro (FIV)

1. Isolamento de gâmetas

*   **Gâmetas masculinos (pólen)**: Recolha de grãos de pólen das plantas dadoras, assegurando que estão maduros e são viáveis.

.   **Gâmetas femininos (óvulos)**: Isolamento de óvulos ou sementes imaturas de plantas-mãe femininas, consoante a espécie e a fase reprodutiva.

2. Processo de fertilização

. **Polinização**: Colocação de grãos de pólen maduros sobre o estigma da flor feminina ou diretamente sobre óvulos isolados num ambiente controlado.

- **Condições de cultura**: Proporcionar condições óptimas (temperatura, humidade, meio nutritivo) para promover a germinação do pólen, o crescimento do tubo polínico e a fertilização.

3. Desenvolvimento embrionário

. **Formação de embriões**: Após uma fertilização bem sucedida, os embriões desenvolvem-se a partir de óvulos fertilizados ou sementes sob condições controladas in vitro.

. **Resgate de embriões**: Transferência de embriões em desenvolvimento para um meio nutritivo que conduza ao crescimento e maturação do embrião.

Métodos de salvamento de embriões

1. Objetivo

- **Resgate da incompatibilidade cruzada**: Ultrapassar as barreiras à hibridação entre espécies ou cultivares geneticamente distantes que não conseguem produzir descendência viável naturalmente.

- **Resgate de stress abiótico**: Recuperação de embriões de sementes ou frutos afectados por condições ambientais adversas (por exemplo, seca, salinidade) que inibem o desenvolvimento normal.

2. Técnicas

. **Excisão e cultura**: Remoção de embriões de sementes ou frutos imaturos e sua cultura num meio nutritivo para promover o crescimento e o desenvolvimento.

. **Resgate de embriões a partir de cruzamentos**: Realização de cruzamentos entre progenitores geneticamente distantes e salvamento de embriões que, de outro modo, abortariam ou não se desenvolveriam em condições naturais.

3. Aplicações

. **Hibridação**: Facilitar a criação de híbridos com características desejáveis combinadas (por exemplo, resistência a doenças, alto rendimento) a partir de plantas-mãe geneticamente diversas.

• **Conservação de espécies**: Conservação e propagação de espécies vegetais ameaçadas ou raras através do resgate de embriões de sementes ou frutos maduros recolhidos em habitats naturais.

Vantagens e desafios

Vantagens

. **Hibridação melhorada**: Ultrapassar barreiras reprodutivas e facilitar a hibridação bem sucedida entre plantas geneticamente distantes.

• **Reprodução acelerada**: Acelerar o desenvolvimento de novas cultivares e híbridos com características desejáveis em comparação com os métodos tradicionais de melhoramento.

- **Diversidade genética**: Introduzir novas combinações e variações genéticas para melhorar a resistência e a adaptabilidade das culturas.

Desafios

- **Trabalho intensivo**: Requer um manuseamento meticuloso de gâmetas, óvulos ou embriões em condições estéreis para evitar a contaminação e garantir a viabilidade.

- **Compatibilidade genética**: Assegurar a compatibilidade entre os genótipos parentais para obter uma fertilização e um desenvolvimento embrionário bem sucedidos.

- **Viabilidade embrionária**: Otimização das condições de cultura e dos meios nutritivos para maximizar as taxas de sobrevivência e crescimento dos embriões.

Direcções futuras

- **Modificação genética**: Integração de métodos de FIV e de salvamento de embriões com técnicas de engenharia genética (por exemplo, CRISPR-Cas9) para introduzir ou modificar características específicas em embriões salvos.

- **Resiliência climática**: Utilização da recuperação de embriões para desenvolver culturas tolerantes ao stress, capazes de prosperar em condições ambientais difíceis.

- **Reprodução de precisão**: Aplicação de tecnologias ómicas (genómica, transcriptómica) para melhorar a seleção e a previsão de características desejáveis na descendência híbrida.

5.5. Transformação genética

A transformação genética é uma técnica fundamental da biotecnologia moderna que permite a introdução de genes estranhos no genoma de um organismo. No contexto da agricultura, a transformação genética é amplamente utilizada para melhorar as culturas através da introdução de genes que conferem características desejáveis, tais como resistência a pragas, tolerância a herbicidas, melhor conteúdo nutricional e maior rendimento. Eis um resumo da transformação genética na agricultura:

Visão geral da transformação genética

1. Métodos de entrega de genes

- **Transformação Mediada por Agrobacterium**: Utilização do sistema natural de transferência de genes da bactéria do solo *Agrobacterium tumefaciens* para introduzir genes nas células vegetais. Este método é amplamente utilizado para plantas dicotiledóneas e algumas monocotiledóneas.

- **Bombardeamento de partículas (Biolística)**: Propulsão de partículas revestidas de ADN (por exemplo, ouro ou tungsténio) em células vegetais utilizando uma pistola de genes. Eficaz para uma vasta gama de espécies vegetais, incluindo monocotiledóneas.

- **Electroporação**: Utilização de impulsos eléctricos para criar poros temporários nas membranas das células vegetais, permitindo a entrada de ADN. É comummente utilizada para protoplastos e células em cultura em suspensão.

2. **Integração de ADN estranho**

   • **Integração estável**: Incorporação de ADN estranho no genoma da planta, onde se torna hereditário e pode ser transmitido às gerações seguintes.

   . **Expressão transitória**: Obtenção de expressão a curto prazo de genes sem integração estável, útil para rastreio rápido ou produção transitória de proteínas.

3. **Seleção e Regeneração**

   • **Marcadores seleccionáveis**: Incluir genes que conferem resistência a antibióticos ou herbicidas juntamente com o gene de interesse, permitindo a seleção de células transformadas.

   • **Regeneração**: Regeneração de plantas inteiras a partir de células ou tecidos transformados em condições de cultura específicas, assegurando a propagação de características transformadas.

Aplicações da transformação genética na agricultura

1. **Melhoramento das culturas**

   • **Resistência a pragas e doenças**: Introdução de genes de espécies naturalmente resistentes para melhorar as defesas das plantas contra insectos, fungos e vírus (por exemplo, genes Bt para resistência a insectos).

   . **Tolerância a herbicidas**: Engenharia de culturas para tolerar herbicidas específicos, facilitando o controlo eficaz das ervas daninhas sem prejudicar a cultura (por exemplo, tolerância ao glifosato).

- **Tolerância ao stress abiótico**: Aumentar a resistência das culturas a stresses ambientais como a seca, a salinidade e as temperaturas extremas.

2. Melhoria nutricional

. **Biofortificação**: Aumento do valor nutricional das culturas através da introdução de genes para níveis mais elevados de vitaminas, minerais ou proteínas essenciais (por exemplo, arroz dourado com maior teor de vitamina A).

3. Melhoria da qualidade

. **Melhoria do tempo de conservação**: Modificação dos genes envolvidos no amadurecimento dos frutos e nas características de armazenamento para prolongar o prazo de validade e reduzir as perdas pós-colheita.

Vantagens e desafios

Vantagens

. **Precisão e rapidez**: permitir a modificação orientada de características específicas com precisão e eficiência.

- **Diversidade genética alargada**: Introduzir novas variações genéticas e características não disponíveis através dos métodos tradicionais de reprodução.

- **Impacto global**: Enfrentar os desafios da segurança alimentar mundial, da agricultura sustentável e da resiliência climática.

Desafios

- **Obstáculos regulamentares**: Navegar em quadros

regulamentares complexos para a aprovação e comercialização de organismos geneticamente modificados (OGM).

. **Perceção pública**: Responder às preocupações sobre a segurança, o impacto ambiental e as considerações éticas associadas à modificação genética.

- **Estabilidade genética**: Assegurar a integração e expressão estáveis dos genes introduzidos ao longo das gerações para manter as características desejadas.

Direcções futuras

- **Tecnologias de edição de genes**: Ferramentas avançadas como a CRISPR-Cas9 para a edição precisa do genoma, permitindo modificações específicas sem introduzir ADN estranho.

. **Engenharia Multi-Traço**: Desenvolvimento de culturas com múltiplos traços benéficos (stacked traits) para enfrentar desafios agrícolas complexos.

. **Adaptação ambiental**: Engenharia de culturas para resiliência às condições climáticas em mudança e práticas agrícolas sustentáveis.

5.6. Transferência de embriões e produção de animais transgénicos

A transferência de embriões e a produção de animais transgénicos são técnicas avançadas de biotecnologia e reprodução animal que envolvem a manipulação de embriões e material genético para melhorar características desejáveis ou estudar a função dos genes. Eis uma visão geral da transferência de embriões e da produção de animais transgénicos:

Transferência de embriões

1. **Processo**

   . **Colheita de embriões**: Recolha de embriões de animais dadores, normalmente através de métodos cirúrgicos sob anestesia.

   . **Manuseamento de embriões**: Avaliação e seleção de embriões com base na qualidade e no estádio de desenvolvimento.

2. **Técnicas**

   . **Sincronização**: Sincronização dos ciclos estrais dos animais dadores e receptores para otimizar o sucesso da transferência de embriões.

   . **Transferência**: Transferência de embriões seleccionados para animais receptores (mães de aluguer) através de procedimentos minimamente invasivos, como a laparoscopia.

3. **Aplicações**

   • **Melhoramento genético**: Acelerar a propagação de genética superior de animais de elite para produzir descendentes com características desejáveis (por exemplo, alta produção de leite, resistência a doenças).

   . **Programas de reprodução**: Facilitar a diversidade genética e os esforços de conservação através da transferência de embriões entre indivíduos ou raças geneticamente valiosos.

Produção animal transgénica

1. **Entrega de genes**

   . **Microinjecção**: Injeção de ADN estranho (transgene) diretamente no pronúcleo de um ovo fertilizado ou em células estaminais embrionárias.

   . **Vectores virais**: Utilização de vectores virais para introduzir transgenes em células embrionárias, facilitando a integração estável no genoma.

2. **Expressão transgénica**

   . **Seleção de promotores**: Seleção de promotores adequados para conduzir a expressão do transgene em tecidos desejados ou em fases de desenvolvimento específicas.

   • **Integração e rastreio**: Identificação de animais com integração estável e expressão do transgene através de técnicas moleculares (por exemplo, PCR, Southern blotting).

3. **Aplicações**

   . **Investigação biomédica**: Estudo da função dos genes, mecanismos de doença e desenvolvimento de modelos animais para doenças humanas (por exemplo, modelos de cancro em ratos).

   . **Características agrícolas**: Introdução de genes para características como o aumento do crescimento, a eficiência alimentar ou a resistência a doenças para melhorar a produtividade agrícola.

Vantagens e desafios

Vantagens

- **Melhoramento genético rápido**: Acelerar a introdução de características benéficas nas populações animais em comparação com os métodos tradicionais de reprodução.

. **Precisão e controlo**: Permitem a manipulação precisa de genes e características específicas para alcançar os resultados desejados.

. **Percepções biomédicas**: Fornecer modelos valiosos para estudar doenças humanas e testar terapias.

Desafios

- **Considerações éticas**: Abordagem das preocupações éticas relacionadas com o bem-estar dos animais, a manipulação genética e os potenciais impactos ambientais.

- **Supervisão regulamentar**: Navegar por regulamentos rigorosos que regem a produção, utilização e comercialização de animais transgénicos.

. **Perceção pública**: Gerir a perceção e a aceitação pelo público dos animais geneticamente modificados e dos seus produtos.

Direcções futuras

- **Tecnologias de edição de genes**: Avanço do CRISPR-Cas9 e de outras ferramentas de edição de genes para a modificação precisa de genomas animais, incluindo técnicas de "knock-in" e "knock-out".

- **Genómica funcional**: Integração de tecnologias ómicas

(genómica, transcriptómica, proteómica) para compreender interacções genéticas complexas e otimizar a expressão de transgénicos.

- **Aplicações terapêuticas**: Desenvolvimento de animais transgénicos para a produção de proteínas terapêuticas, anticorpos e órgãos para uso médico (por exemplo, anticorpos humanizados).

5.7.   Plantas transgénicas

As plantas transgénicas são plantas que foram geneticamente modificadas através da introdução de genes estranhos no seu genoma, utilizando técnicas biotecnológicas. Esta modificação genética permite que os cientistas transmitam às plantas traços ou características específicas que estas podem não ter naturalmente. Eis uma visão geral das plantas transgénicas, incluindo os seus métodos de criação, aplicações, vantagens e desafios:

Métodos de criação de plantas transgénicas

1. Transformação mediada por Agrobacterium

- **Processo**: Utiliza *a Agrobacterium tumefaciens,* uma bactéria do solo capaz de transferir ADN (T-DNA) para as células vegetais.

- **Integração**: O ADN-T integra-se no genoma da planta, onde é herdado de forma estável.

- **Aplicações**: Normalmente utilizado em plantas dicotiledóneas, mas também eficaz em algumas monocotiledóneas.

2. Bombardeamento de partículas (Biolística)

- **Processo**: As partículas revestidas de ADN (por exemplo, ouro ou tungsténio) são injectadas nas células vegetais utilizando uma pistola de genes.

- **Integração**: O ADN pode integrar-se aleatoriamente no genoma da planta, conduzindo a padrões de expressão variados.

- **Aplicações**: Adequado para uma vasta gama de espécies de plantas, incluindo monocotiledóneas como os cereais.

3. Transformação de protoplastos

- **Processo**: Os protoplastos isolados de plantas (células sem paredes celulares) são transformados com ADN estranho.

- **Integração**: O ADN é introduzido nos protoplastos através de métodos como a electroporação ou o tratamento com polietilenoglicol (PEG).

- **Aplicações**: Útil para espécies que são recalcitrantes a outros métodos de transformação.

4. Vectores virais e outras técnicas

- **Processo**: Utilização de vectores virais ou outras técnicas para introduzir genes em plantas, frequentemente para fins de investigação específicos ou aplicações únicas.

Aplicações das plantas transgénicas

1. Resistência às pragas

- **Exemplos**: A incorporação de genes de Bacillus thuringiensis (Bt) para produzir proteínas tóxicas para os insectos nocivos, reduzindo a necessidade de pesticidas químicos.

2. **Tolerância a herbicidas**

. **Exemplos**: Engenharia de culturas para tolerar herbicidas específicos (por exemplo, glifosato) para um controlo eficaz das ervas daninhas sem prejudicar a cultura.

3. **Resistência a doenças**

. **Exemplos**: Introdução de genes que conferem resistência a agentes patogénicos virais, bacterianos ou fúngicos, melhorando a saúde e o rendimento das plantas.

4. **Melhoria nutricional**

. **Exemplos**: Biofortificação de culturas com níveis mais elevados de nutrientes essenciais (por exemplo, arroz dourado com maior teor de vitamina A).

5. **Adaptação ambiental**

. **Exemplos**: Modificar as plantas para tolerar stresses abióticos como a seca, a salinidade ou temperaturas extremas, melhorando a resiliência em ambientes difíceis.

Vantagens das plantas transgénicas

. **Características melhoradas**: Introdução de novas características que não se encontram naturalmente nas espécies vegetais para melhorar a produtividade, a qualidade e a adaptabilidade ambiental.

- **Redução das entradas de produtos químicos**: Diminuição da dependência de pesticidas e herbicidas químicos, conduzindo a potenciais benefícios ambientais.

. **Melhoria da segurança alimentar**: Enfrentar os desafios da produção alimentar mundial através do aumento do rendimento das culturas e da resistência às pragas e às pressões ambientais.

Desafios e preocupações

- **Aprovação regulamentar**: Navegar em quadros regulamentares complexos e na aceitação pública de organismos geneticamente modificados (OGM).

. **Impacto ambiental**: Avaliação das potenciais consequências ecológicas e dos efeitos não intencionais das plantas transgénicas nos ecossistemas.

- **Questões socioeconómicas**: Abordagem das questões relacionadas com os direitos de propriedade intelectual, o acesso dos agricultores à tecnologia e a distribuição equitativa dos benefícios.

Direcções futuras

. **Edição Genética de Precisão**: Tecnologias avançadas, como a CRISPR-Cas9, para a edição precisa do genoma, a fim de melhorar as modificações direccionadas e reduzir os efeitos fora do alvo.

. **Engenharia Multi-Traço**: Desenvolvimento de culturas com características combinadas (múltiplas características benéficas) para enfrentar desafios agrícolas complexos.

- **Genómica funcional**: Integração de tecnologias ómicas (genómica, transcriptómica) para compreender a função dos genes e otimizar a expressão de transgénicos em plantas.

5.8.   Biofertilizantes

Os biofertilizantes são fertilizantes naturais que contêm microrganismos vivos, que podem ajudar a melhorar a fertilidade do solo e a nutrição das plantas. Ao contrário dos fertilizantes químicos, que fornecem diretamente nutrientes às plantas, os biofertilizantes funcionam indiretamente, aumentando a disponibilidade de nutrientes no solo ou promovendo a absorção de nutrientes pelas plantas. Aqui está uma visão geral dos biofertilizantes, seus tipos, benefícios e aplicações:

Tipos de biofertilizantes

1. Biofertilizantes fixadores de azoto

- **Rhizobium**: Bactérias simbióticas que formam nódulos nas raízes das leguminosas e fixam o azoto atmosférico numa forma que as plantas podem utilizar.

- **Azotobacter**: Bactérias do solo de vida livre que fixam o azoto atmosférico e o libertam no solo.

- **Azospirillum**: Bactérias que vivem simbioticamente com as gramíneas e fixam o azoto atmosférico na rizosfera.

2. Biofertilizantes solubilizadores de fosfato

- **Bactérias solubilizadoras de fosfato (PSB)**: Bactérias que solubilizam fosfatos insolúveis no solo, tornando-os disponíveis para as plantas.

3. **Biofertilizantes mobilizadores de potássio**

* **Bactérias solubilizadoras de potássio (KSB)**: Bactérias que aumentam a disponibilidade de potássio através da solubilização de minerais portadores de potássio no solo.

4. **Outros biofertilizantes**

. **Fungos micorrízicos**: Fungos simbióticos que formam associações com as raízes das plantas, melhorando a absorção de nutrientes (especialmente fósforo) e a absorção de água.

. **Azolla**: Feto aquático que fixa o azoto simbioticamente com a cianobactéria *Anabaena azollae,* utilizado em arrozais para aumentar a disponibilidade de azoto.

Benefícios dos biofertilizantes

1. **Amigo do ambiente**

- **Redução da dependência química**: Diminui a dependência de fertilizantes sintéticos, reduzindo a poluição ambiental e a degradação do solo.

. **Melhoria da saúde do solo**: Melhora a estrutura do solo, a fertilidade e a atividade microbiana, promovendo a sustentabilidade a longo prazo.

2. **Eficiência dos nutrientes**

. **Maior disponibilidade de nutrientes**: Fixa o azoto atmosférico, solubiliza os fosfatos e mobiliza o potássio, melhorando a absorção de nutrientes pelas plantas.

. **Fornecimento equilibrado de nutrientes**: Fornece um

fornecimento equilibrado de nutrientes sem causar desequilíbrios ou toxicidades.

3. **Custo-eficácia**

. **Custos de entrada mais baixos**: Reduz os custos associados aos fertilizantes sintéticos e aumenta a rentabilidade dos agricultores a longo prazo.

Aplicações dos biofertilizantes

1. **Culturas agrícolas**

   . **Leguminosas**: Aumenta a fixação de azoto em culturas como a
   soja, ervilhas e feijão através da inoculação de Rhizobium.

   • **Cereais e sementes oleaginosas**: Melhora a absorção de fósforo
   e o crescimento em culturas como o trigo, o milho e a canola
   utilizando PSB.

2. **Horticultura e Floricultura**

   • **Frutas e legumes**: Aumenta a disponibilidade de nutrientes e
   melhora o crescimento e o rendimento das árvores de fruto e das
   culturas hortícolas.

3. **Agricultura biológica**

   • **Produção biológica certificada**: Essencial para manter a
   fertilidade do solo e cumprir as normas da agricultura biológica
   sem insumos sintéticos.

Desafios e considerações

   • **Compatibilidade**: Seleção de biofertilizantes adequados que
   sejam compatíveis com as condições locais do solo e das
   culturas.

   • **Eficácia**: Assegurar métodos e condições de aplicação óptimos
   para maximizar a eficácia dos biofertilizantes.

   • **Educação e adoção**: Promover a sensibilização e educar os
   agricultores sobre os benefícios e a utilização correcta dos
   biofertilizantes.

Direcções futuras

- **Avanços biotecnológicos**: Desenvolvimento de estirpes melhoradas de bactérias e fungos fixadores de azoto para melhorar a eficiência da absorção de nutrientes.

. **Consórcios microbianos**: Explorar combinações de microrganismos benéficos para melhorar sinergicamente a saúde do solo e a produtividade das plantas.

. **Agricultura de precisão**: Integração de biofertilizantes com tecnologias agrícolas digitais para otimizar a gestão dos nutrientes e reduzir o impacto ambiental.

6. BIOTECNOLOGIA NA INDÚSTRIA

A biotecnologia na indústria engloba uma vasta gama de aplicações em que os sistemas biológicos, organismos ou derivados são utilizados para desenvolver produtos, processos ou tecnologias que melhoram os processos industriais ou criam novas oportunidades. Aqui está uma visão geral da biotecnologia na indústria, incluindo as suas principais aplicações, benefícios e direcções futuras:

Principais aplicações da biotecnologia na indústria

1. **Biocombustíveis**

   - **Bioetanol**: Produzido a partir da fermentação de açúcares derivados de culturas como o milho, a cana-de-açúcar ou a biomassa celulósica.

   - **Biodiesel**: Derivado da transesterificação de óleos vegetais ou gorduras animais, constituindo uma alternativa renovável aos combustíveis fósseis.

2. **Produtos biofarmacêuticos**

   - **Proteínas terapêuticas**: Produção de proteínas como a insulina, as hormonas de crescimento e os anticorpos utilizando microrganismos geneticamente modificados ou culturas de células.

   - **Vacinas**: Desenvolvimento de vacinas contra doenças infecciosas através da expressão de antigénios em sistemas microbianos ou celulares.

3. **Enzimas industriais**

   - **Amilases, proteases, lipases**: Enzimas utilizadas em formulações de detergentes, processamento de alimentos, fabrico de têxteis e produção de biocombustíveis para catalisar reacções químicas específicas.

- **Celulases, xilanases**: Enzimas utilizadas na conversão de biomassa para a produção de bioetanol e outros processos de biorefinaria.

4. Biopolímeros

- **Ácido poliláctico (PLA)**: Polímero biodegradável derivado da fermentação de açúcares, utilizado em materiais de embalagem, têxteis e implantes médicos.

- **Polihidroxialcanoatos (PHA)**: Plásticos biodegradáveis produzidos por fermentação bacteriana, com aplicações nos domínios da embalagem e da biomedicina.

5. Produtos químicos de base biológica

- **Ácidos orgânicos de base biológica**: Produção de ácidos orgânicos como o ácido cítrico, o ácido lático e o ácido succínico utilizando a fermentação microbiana para aditivos alimentares, produtos farmacêuticos e bioplásticos.

- **Bio-surfactantes e Bio-solventes**: Alternativas ecológicas aos surfactantes e solventes à base de petróleo para várias aplicações industriais.

6. Remediação ambiental

- **Bioremediação**: Utilização de microorganismos para degradar poluentes no solo, na água e no ar, oferecendo soluções sustentáveis para a limpeza ambiental.

. **Fitoremediação**: Utilização de plantas para remover contaminantes do solo ou da água através de processos de absorção, acumulação ou degradação.

Benefícios da biotecnologia na indústria

* **Sustentabilidade**: Reduz a dependência de combustíveis fósseis e produtos químicos nocivos, promovendo a sustentabilidade ambiental.

. **Eficiência**: Aumenta a eficiência do processo, a produtividade e a qualidade do produto através de reacções mediadas biologicamente.

. **Inovação**: Impulsiona a inovação através do aproveitamento de sistemas biológicos para o desenvolvimento de novos produtos e otimização de processos.

Direcções futuras e inovações

* **Biologia sintética**: Conceção e engenharia de novos sistemas biológicos e organismos para aplicações industriais específicas.

* **Economia circular**: Integração de processos biotecnológicos em modelos de economia circular para minimizar os resíduos e maximizar a eficiência dos recursos.

. **Biorefinarias**: Desenvolvimento de conceitos integrados de biorrefinaria para valorizar a biomassa numa gama de produtos e combustíveis de elevado valor.

Desafios e considerações

* **Quadros regulamentares**: Navegar em ambientes

regulamentares complexos para a aprovação e comercialização de produtos biotecnológicos.

. **Perceção pública**: Responder às preocupações do público sobre a segurança, a ética e o impacto ambiental associados às aplicações biotecnológicas na indústria.

. **Integração tecnológica**: Superação dos desafios técnicos relacionados com o aumento de escala, a relação custo-eficácia e a integração dos processos biotecnológicos nas infra-estruturas industriais existentes.

6.1. Recuperação e purificação de proteínas recombinantes

A recuperação e purificação de proteínas recombinantes é um processo crítico nas indústrias biotecnológica e biofarmacêutica. Envolve o isolamento da proteína desejada a partir da mistura complexa de componentes celulares e meios de cultura onde é produzida. Aqui está uma visão geral das etapas envolvidas na recuperação e purificação de proteínas recombinantes:

Etapas da recuperação e purificação de proteínas recombinantes

1. Cultura celular e expressão de proteínas

. **Sistema de expressão**: Escolher um sistema de expressão adequado, como bactérias (por exemplo, *Escherichia coli)*, leveduras (por exemplo, *Saccharomyces cerevisiae)*, células de insectos (por exemplo, células *Sf9*) ou células de mamíferos (por exemplo, células CHO), com base nos requisitos da proteína (por exemplo, modificações pós-tradução).

• **Indução**: Cultivar as células em condições óptimas (temperatura, pH, arejamento) e induzir a expressão proteica utilizando indutores (por exemplo, IPTG para *E. coli* ou metanol para *Pichia pastoris*).

2. Colheita de células

. **Rutura de células**: Romper as células utilizando métodos como a sonicação, a prensa francesa ou a homogeneização para libertar o conteúdo intracelular, incluindo a proteína alvo.

. **Centrifugação**: Separar os detritos celulares e os componentes insolúveis do lisado que contém proteínas solúveis.

3. Purificação de proteínas

- **Purificação inicial**

  o **Cromatografia de afinidade**: Utilizar marcadores de afinidade (por exemplo, His-tag, GST-tag) para ligar e eluir seletivamente a proteína alvo do lisado.

  o **Cromatografia de permuta iónica**: Separa as proteínas com base em diferenças de carga utilizando resinas de permuta iónica (por exemplo, permuta aniónica para proteínas com carga positiva).

  o **Cromatografia de exclusão de tamanho**: Separa as proteínas com base no tamanho, permitindo que as proteínas mais pequenas entrem nos poros da coluna, enquanto as proteínas maiores passam mais rapidamente.

- **Purificação de intermediários**

  o **Cromatografia de Interação Hidrofóbica (HIC)**: Separa

as proteínas com base na hidrofobicidade utilizando sais ou solventes orgânicos.

o **Cromatografia de afinidade com metais**: Utiliza iões metálicos (por exemplo, Ni^{2+}, Cu^{2+}) imobilizados numa resina para ligar proteínas que contêm motivos de ligação a metais.

4. Purificação final

- **Cromatografia de alta resolução**

  o **Cromatografia de fase invertida**: Separa as proteínas com base em interacções hidrofóbicas utilizando uma fase estacionária hidrofóbica e um gradiente de solvente orgânico.

  o **Cromatografia multimodal**: Utilizar interacções múltiplas (por exemplo, hidrofóbicas, electrostáticas) para aumentar a especificidade e a pureza.

5. Concentração e formulação

- **Ultrafiltração**: Concentrar a solução proteica purificada, removendo o excesso de tampão e sais através de membranas com tamanhos de poro definidos.

. **Diálise**: Trocar o tampão por um tampão de formulação adequado para estabilizar a proteína e remover os contaminantes remanescentes.

6. Caracterização e análise

- **SDS-PAGE (eletroforese em gel de poliacrilamida com dodecil sulfato de sódio)**: Analisar o tamanho e a pureza das proteínas.

- **Western Blotting**: Confirmar a identidade da proteína utilizando anticorpos específicos.

- **Espectrometria de massa**: Determinar o peso molecular e a identidade da sequência da proteína.

Desafios e considerações

. **Estabilidade da proteína**: Manter a estabilidade e a atividade da proteína durante a purificação.

- **Remoção de contaminantes**: Minimizar a co-purificação de proteínas de células hospedeiras, ácidos nucleicos e endotoxinas.

- **Aumento de escala**: Métodos de purificação em escala, desde a escala laboratorial até à produção à escala industrial, mantendo o rendimento e a pureza.

Direcções futuras

. **Sistemas automatizados**: Desenvolver sistemas de purificação automatizados para aumentar o rendimento e a reprodutibilidade.

- **Plataformas de Purificação Integradas**: Combine várias etapas de purificação em plataformas integradas para processos simplificados.

. **Análise avançada**: Implementar análises avançadas para monitorização e otimização em tempo real dos processos de purificação.

6.1.1. A necessidade de pureza

A necessidade de pureza na recuperação e purificação de proteínas recombinantes é primordial por várias razões críticas, abrangendo tanto considerações científicas como práticas:

Razões científicas:

1. **Estudos e ensaios funcionais**:

    o **Atividade e especificidade**: A pureza assegura que a proteína funciona como esperado em ensaios bioquímicos, estudos de ligação, reacções enzimáticas e análises estruturais.

    o **Fiabilidade**: As impurezas podem interferir com os resultados experimentais, levando a conclusões erróneas e afectando a reprodutibilidade.

2. **Ensaios biológicos e aplicações**:

    o **Atividade biológica**: A elevada pureza é essencial para uma avaliação exacta dos efeitos biológicos, como em estudos de cultura de células, modelos animais e ensaios clínicos.

    o **Segurança**: Os contaminantes ou impurezas podem introduzir efeitos biológicos não intencionais, afectando potencialmente os resultados experimentais ou as aplicações terapêuticas.

Razões de ordem prática:

1. **Controlo de qualidade e conformidade regulamentar**:

   o **Segurança do produto**: Assegurar que as proteínas purificadas cumprem as normas de segurança para aplicações farmacêuticas e biomédicas, minimizando os riscos para os pacientes e consumidores.

   o **Aprovação regulamentar**: As agências reguladoras exigem critérios de pureza rigorosos para aprovar produtos biofarmacêuticos para uso clínico, garantindo eficácia e segurança.

2. **Estabilidade do produto e prazo de validade**:

   o **Armazenamento e estabilidade**: A elevada pureza reduz a degradação e a agregação, aumentando a estabilidade e o prazo de validade do produto proteico durante o armazenamento e o transporte.

   o **Consistência**: Níveis de pureza consistentes asseguram a reprodutibilidade de lote para lote nos processos de fabrico, o que é fundamental para o aumento da escala industrial e a comercialização.

Considerações económicas e industriais:

1. **Custo-eficácia**:

   o **Produção eficiente**: A maximização da pureza minimiza o desperdício e os custos de processamento a jusante, optimizando a eficiência global da produção.

o **Competitividade no mercado**: Os produtos de elevada pureza têm maior valor de mercado e competitividade nas indústrias biotecnológica e farmacêutica.

Desafios para alcançar a pureza:

- **Complexidade da purificação**: As proteínas recombinantes requerem frequentemente processos de purificação em várias etapas que envolvem várias técnicas cromatográficas e de filtração para atingir os níveis de pureza desejados.

- **Estabilidade da proteína**: Manter a estabilidade da proteína durante a purificação sem comprometer a atividade ou a estrutura pode ser um desafio.

- **Controlo de contaminantes**: Assegurar a remoção de proteínas da célula hospedeira, ácidos nucleicos, endotoxinas e outras impurezas que podem afetar a função e a segurança das proteínas.

Direcções futuras:

- **Tecnologias avançadas de purificação**: Desenvolvimento contínuo de novos métodos e tecnologias de purificação para melhorar a eficiência, o rendimento e a pureza.

- **Sistemas integrados e automatizados**: Implementação de plataformas de purificação integradas e automatizadas para maior rendimento e consistência.

- **Avanços analíticos**: Melhoria das capacidades analíticas para a monitorização e caraterização em tempo real da pureza e qualidade das proteínas durante os processos de purificação.

Em conclusão, a exigência rigorosa de pureza na recuperação e purificação de proteínas recombinantes é essencial para garantir a integridade científica, a eficácia, a segurança e a viabilidade comercial dos produtos. Os avanços nas tecnologias de purificação e nas medidas de controlo de qualidade continuarão a desempenhar um papel fundamental na satisfação destas exigências em diversas aplicações na biotecnologia, nos produtos farmacêuticos e na investigação.

6.1.2. Desintegração celular

A desintegração celular, também conhecida como rutura celular ou lise celular, é um passo crucial na recuperação de componentes intracelulares, incluindo proteínas recombinantes, de células microbianas ou de mamíferos em processos biotecnológicos. Este processo envolve a quebra das células para libertar o seu conteúdo, facilitando a subsequente extração e purificação das moléculas alvo. Eis uma visão geral dos métodos de desintegração celular e da sua importância na biotecnologia:

Importância da desintegração celular

1. **Extração intracelular**: Permite a libertação de proteínas alvo, enzimas, metabolitos e outras biomoléculas do interior das células para processamento a jusante.

2. **Eficiência do bioprocessamento**: Aumenta a eficiência dos processos de recuperação e purificação através do acesso ao conteúdo celular, maximizando assim o rendimento e reduzindo o tempo de processamento.

3. **Investigação e desenvolvimento**: Facilita os estudos sobre as funções celulares, as relações entre a estrutura e a função das

proteínas e as vias metabólicas, proporcionando acesso a
componentes intracelulares.

Métodos de desintegração celular

Métodos mecânicos

- **Sonicação**: Utiliza ondas sonoras de alta frequência para romper
  as células por cavitação, criando microbolhas que implodem e
  libertam o conteúdo celular. Eficaz para aplicações em pequena
  escala e em laboratório.

- **Homogeneização**: Rutura mecânica utilizando mistura ou
  trituração a alta velocidade para separar as células. Adequado
  para volumes maiores e para manter a integridade da amostra.

- **Prensa francesa**: Aplica alta pressão para forçar as células através
  de uma câmara estreita, causando forças de cisalhamento que
  rompem as paredes celulares. Útil para processamento em escala
  industrial.

Métodos químicos

- **Detergentes**: Perturbam as membranas celulares solubilizando
  os lípidos, provocando a lise celular e libertando o conteúdo
  intracelular. Os detergentes comuns incluem o Triton X-100 e o
  SDS (Dodecil Sulfato de Sódio).

- **Solventes orgânicos**: Desestabilizam as membranas celulares e
  solubilizam os lípidos, levando à lise celular e à libertação de
  componentes celulares. Exemplos incluem o etanol, o
  clorofórmio e a acetona.

Métodos enzimáticos

- **Lisozima**: hidrolisa as paredes celulares bacterianas através da quebra do peptidoglicano, facilitando a libertação do conteúdo intracelular.

- **Proteases**: Digerem proteínas nas membranas celulares, ajudando na lise celular e na libertação de proteínas e outras biomoléculas.

Métodos físicos

- **Ciclos de congelação-descongelação**: Ciclos alternados de congelamento e descongelamento para romper as membranas celulares através da formação e expansão de cristais de gelo.

- **Electroporação**: Aplica impulsos eléctricos para criar poros transitórios nas membranas celulares, permitindo a entrada de moléculas ou facilitando a lise celular.

Factores que influenciam a seleção do método

- **Tipo de célula**: Os diferentes métodos são adequados para diferentes tipos de células (por exemplo, células bacterianas, células de levedura, células de mamíferos) com base na estrutura da parede celular e na suscetibilidade à rutura.

- **Escala de funcionamento**: Considerações sobre a escalabilidade do processamento à escala laboratorial para a escala industrial, que afectam a escolha do método e os requisitos do equipamento.

- **Rendimento e pureza desejados**: Equilíbrio entre uma rutura eficiente e a preservação da integridade das moléculas alvo, influenciando a escolha do método e a otimização.

Desafios e considerações

- . **Estabilidade das proteínas**: Evitar a desnaturação ou degradação de proteínas sensíveis durante a rutura celular.

- **Controlo de contaminantes**: Minimizar a co-extração de resíduos celulares, ácidos nucleicos e outras impurezas que possam interferir com os processos a jusante.

- **Otimização do processo**: Otimização de parâmetros como a temperatura, pressão, duração e combinação de métodos para obter uma lise celular eficiente e maximizar o rendimento.

Direcções futuras

- **Integração com processos a jusante**: Desenvolver sistemas integrados que combinem a desintegração celular com etapas de purificação subsequentes para um bioprocessamento optimizado.

- . **Avanços tecnológicos**: Inovação contínua na conceção de equipamentos, automação e ferramentas analíticas para aumentar a eficiência, reprodutibilidade e escalabilidade dos métodos de rutura celular.

- . **Bioprocessamento ecológico**: Exploração de métodos e reagentes amigos do ambiente para a desintegração sustentável de células e aplicações biotecnológicas.

6.1.3. Cromatografia de permuta iónica

A cromatografia de permuta iónica (IEC) é uma técnica poderosa utilizada na purificação de proteínas e outras biomoléculas carregadas com base na sua carga líquida. Funciona com base no princípio das interacções electrostáticas entre moléculas carregadas e a fase estacionária de carga oposta na coluna cromatográfica. Aqui está uma visão geral da cromatografia de troca iónica, os seus princípios, aplicações e considerações:

Princípios da cromatografia de permuta iónica

- **Fase estacionária**: Consiste em resinas de permuta iónica com grupos funcionais carregados (por exemplo, carregadas negativamente para permuta aniónica ou carregadas positivamente para permuta catiónica).

. **Fase móvel**: Solução tampão com força iónica e pH variáveis para controlar as interacções entre as moléculas alvo e a fase estacionária.

. **Mecanismo de permuta iónica**: As moléculas carregadas da amostra ligam-se a sítios de carga oposta na resina, enquanto as moléculas não carregadas passam através dela ou ligam-se fracamente.

. **Eluição**: Eluição sequencial de moléculas ligadas através da alteração das condições do tampão (por exemplo, pH, concentração de sal) para perturbar as interacções electrostáticas e libertar as moléculas alvo.

Tipos de cromatografia de permuta iónica

1. **Cromatografia de permuta aniónica (AEC)**

- **Fase estacionária**: Grupos funcionais carregados positivamente (por exemplo, grupos de amónio quaternário).

- **Aplicações**: Purificação de moléculas com carga negativa (por exemplo, proteínas com pontos isoeléctricos ácidos, ácidos nucleicos).

2. **Cromatografia de permuta catiónica (CEC)**

. Fase estacionária: Grupos funcionais com carga negativa (por exemplo, grupos carboxilato).

- **Aplicações**: Purificação de moléculas com carga positiva (por exemplo, proteínas com pontos isoeléctricos básicos, péptidos).

Etapas da cromatografia de permuta iónica

1. **Equilibração**: Condicionar a coluna com tampão para estabelecer o equilíbrio entre as fases estacionária e móvel.

2. **Carregamento da amostra**: Aplicar a amostra que contém moléculas alvo na coluna, onde estas interagem com a fase estacionária com base na carga.

3. **Lavagem**: Remover moléculas não ligadas e contaminantes através da passagem de tampão através da coluna.

4. **Eluição**: Alterar gradualmente as condições do tampão (por exemplo, gradiente de concentração de sal ou pH) para eluir seletivamente as moléculas ligadas da coluna.

Factores que influenciam a separação

- **Força iónica**: Afecta as interacções electrostáticas entre as moléculas da amostra e a resina.

- **pH**: Controla a carga líquida das moléculas e dos grupos funcionais na resina.

- **Composição da amostra**: Presença de sais, detergentes ou outros aditivos que possam afetar as interacções com a resina.

Aplicações da cromatografia de permuta iónica

. **Purificação de proteínas**: Separação de proteínas com base na sua carga líquida, útil para isolar proteínas com valores pI específicos.

. **Purificação de ácidos nucleicos**: Separação de fragmentos de ADN e ARN com base em diferenças de carga.

. **Purificação de enzimas**: Separação de enzimas com base em propriedades de carga, facilitando estudos bioquímicos e aplicações industriais.

Vantagens da cromatografia de permuta iónica

. **Alta resolução**: Proporciona uma separação de alta resolução baseada em diferenças de carga, permitindo a purificação de moléculas estreitamente relacionadas.

• **Versatilidade**: Aplicável a uma vasta gama de biomoléculas com diferentes propriedades de carga.

• **Escalabilidade**: Adequado tanto para processos de purificação à escala laboratorial como à escala industrial.

Considerações e desafios

• **Sensibilidade ao sal**: Concentrações elevadas de sal podem perturbar as interacções de permuta iónica, afectando a eficiência da purificação.

. **Estabilidade das proteínas**: Manter a estabilidade e a atividade das proteínas durante o processo cromatográfico.

. **Capacidade da coluna**: Limitada pela capacidade de ligação da resina e pelo potencial de ligação não específica.

Direcções futuras

. **Resinas avançadas**: Desenvolvimento de novas resinas de permuta iónica com maior seletividade e capacidade.

. **Cromatografia multimodal**: Integração da troca iónica com outras técnicas cromatográficas para melhorar as estratégias de purificação.

. **Sistemas de alto rendimento**: Automação e robótica para aumentar a eficiência e a reprodutibilidade no bioprocessamento em grande escala.

6.1.4. Cromatografia de interação hidrofóbica

A cromatografia de interação hidrofóbica (HIC) é uma técnica cromatográfica utilizada para a purificação de proteínas e outras biomoléculas com base na sua hidrofobicidade. Explora as interacções hidrofóbicas entre as regiões não polares das moléculas alvo e uma fase estacionária hidrofóbica na coluna cromatográfica. Eis uma visão geral da cromatografia de interação hidrofóbica, os seus princípios, aplicações e considerações:

Princípios da Cromatografia de Interação Hidrofóbica (HIC)

• **Fase estacionária**: Consiste numa resina hidrofóbica com ligandos, tais como cadeias de alquilo (por exemplo, grupos butilo e fenilo) imobilizados na matriz de suporte.

. **Fase móvel**: Tampão aquoso contendo uma concentração elevada de um sal (por exemplo, sulfato de amónio) ou solvente orgânico (por exemplo, etanol, isopropanol).

- **Interação hidrofóbica**: As regiões hidrofóbicas das moléculas alvo interagem com os ligandos hidrofóbicos da resina, levando à ligação das moléculas à fase estacionária.

. **Eluição**: A diminuição da concentração do sal ou do solvente orgânico perturba as interacções hidrofóbicas, permitindo a eluição das moléculas ligadas.

Etapas da Cromatografia de Interação Hidrofóbica

1. **Equilibração**: Condicionar a coluna com uma concentração elevada de sal ou solvente orgânico para promover interacções hidrofóbicas entre as moléculas alvo e a resina.

2. **Carregamento da amostra**: Aplicar a amostra que contém as moléculas alvo na coluna. As regiões hidrofóbicas das moléculas ligam-se aos ligandos hidrofóbicos da resina.

3. **Lavagem**: Remover moléculas não ligadas e contaminantes através da passagem de tampão através da coluna, mantendo as interacções hidrofóbicas.

4. **Eluição**: Diminuir gradualmente a concentração do sal ou do solvente orgânico na fase móvel para perturbar as interacções hidrofóbicas e eluir as moléculas ligadas da coluna.

Factores que influenciam a separação

- **Hidrofobicidade**: Depende das regiões não polares expostas das moléculas alvo, que interagem com os ligandos hidrofóbicos da resina.

- **Concentração de sal**: As concentrações mais elevadas promovem interacções hidrofóbicas mais fortes, enquanto as concentrações mais baixas facilitam a eluição.

- **pH e composição do tampão**: Influenciam a estabilidade da proteína e a interação com a fase estacionária.

Aplicações da Cromatografia de Interação Hidrofóbica

. **Purificação de proteínas**: Útil para separar proteínas com tamanhos semelhantes mas diferentes hidrofobicidades, complementando outras técnicas cromatográficas.

. **Purificação de vírus**: Eficaz no isolamento e purificação de vírus com base nas suas propriedades de superfície hidrofóbica.

. **Purificação de enzimas**: Separação de enzimas com diferentes hidrofobicidades para estudos bioquímicos e aplicações industriais.

Vantagens da Cromatografia de Interação Hidrofóbica

. **Condições suaves**: Funciona em condições moderadas (por exemplo, tampões aquosos), preservando a estrutura e a atividade das proteínas.

. **Alta resolução**: Proporciona uma separação de alta resolução de moléculas estreitamente relacionadas com base em interacções hidrofóbicas.

- **Escalabilidade**: Adequado tanto para processos de purificação à escala laboratorial como à escala industrial.

Considerações e desafios

. **Estabilidade da proteína**: Mantém a estabilidade da proteína e evita a desnaturação durante o carregamento e a eluição da amostra.

- **Tempo de vida da coluna**: As interacções hidrofóbicas podem levar à adsorção de proteínas na superfície da coluna, exigindo a regeneração ou substituição da coluna.

- **Otimização**: Requer a otimização da concentração de sal, do pH e da composição da fase móvel para obter uma separação e purificação óptimas.

Direcções futuras

- **Projectos avançados de resinas**: Desenvolvimento de novas resinas hidrofóbicas com maior seletividade e capacidade para um melhor desempenho de purificação.

- **Cromatografia multimodal**: Integração da cromatografia de interação hidrofóbica com outras técnicas cromatográficas para estratégias de purificação mais complexas.

- **Sistemas automatizados**: Implementação de automação e robótica para aumentar a eficiência, reprodutibilidade e escalabilidade no bioprocessamento em grande escala.

A cromatografia de interação hidrofóbica continua a ser uma ferramenta valiosa nas indústrias biotecnológica e farmacêutica pela sua capacidade de purificar seletivamente biomoléculas com base em interacções hidrofóbicas, contribuindo para o avanço da investigação, da produção biofarmacêutica e da biotecnologia industrial.

6.1.5. Filtração em gel

A cromatografia de filtração em gel, também conhecida como cromatografia de exclusão de tamanho (SEC), é uma técnica utilizada para separar moléculas com base no seu tamanho e peso molecular. Ao contrário de outros métodos cromatográficos que se baseiam em interacções entre a fase estacionária e as moléculas alvo, a cromatografia de filtração em gel separa as moléculas apenas com base na sua exclusão de tamanho dos poros de uma resina de filtração em gel. Aqui está uma visão geral da cromatografia de filtração em gel, seus princípios, aplicações e considerações:

Princípios da cromatografia de filtração em gel

- **Fase estacionária**: Consiste em pérolas porosas (normalmente feitas de agarose reticulada ou dextrano) embaladas numa coluna. Os grânulos têm uma distribuição definida do tamanho dos poros.

- **Fase móvel**: Solução tampão aquosa utilizada para eluir a amostra.

- **Mecanismo de separação**: As moléculas maiores são impedidas de entrar nos poros dos grânulos e passam mais rapidamente pela coluna, enquanto as moléculas mais pequenas entram nos poros e a sua eluição é retardada.

- **Eluição**: As moléculas são eluídas da coluna com base no seu tamanho, sendo que as moléculas maiores são eluídas primeiro e as moléculas mais pequenas são eluídas depois.

Etapas da cromatografia de filtração em gel

1. **Equilibração**: Condicionar a coluna com o tampão da fase móvel para estabelecer uma linha de base estável e a hidratação das esferas de gel.

2. **Carregamento da amostra**: Aplicar a amostra que contém as moléculas de interesse no topo da coluna.

3. **Eluição**: Eluir a amostra fazendo passar o tampão da fase móvel através da coluna, permitindo que as moléculas se dividam entre a fase móvel e a fase estacionária com base no seu tamanho.

4. **Recolha**: Fracionar e recolher as fracções eluídas para análise ou outras aplicações a jusante.

Factores que influenciam a separação

- **Tamanho dos poros da resina**: Determina a gama de pesos moleculares que podem ser separados eficazmente. Estão disponíveis diferentes resinas com diferentes tamanhos de poros para diferentes aplicações.

. **Composição do** tampão: O pH e a força iónica do tampão podem influenciar as interacções entre as moléculas e a fase estacionária.

- **Concentração da amostra**: As concentrações mais elevadas podem conduzir a uma sobrecarga da amostra e a uma fraca resolução, enquanto as concentrações mais baixas podem resultar numa baixa sensibilidade.

Aplicações da cromatografia de filtração em gel

. **Purificação de proteínas**: Separação de proteínas de agregados, contaminantes e moléculas mais pequenas com base no tamanho.

- **Purificação de Oligonucleótidos**: Separação de ácidos nucleicos, tais como fragmentos de ADN e ARN, com base no tamanho.

. **Análise de complexos proteicos**: Determinação do peso molecular e da estequiometria dos complexos proteicos.

Vantagens da cromatografia de filtração em gel

. **Separação suave**: Funciona em condições suaves (por exemplo, tampões aquosos), preservando a estrutura nativa e a atividade biológica das biomoléculas.

. **Alta resolução**: Proporciona uma excelente resolução para a separação de moléculas com diferentes pesos moleculares.

• **Versatilidade**: Aplicável a uma vasta gama de biomoléculas, desde pequenos péptidos a grandes complexos proteicos.

Considerações e desafios

. **Eficiência da coluna**: A eficiência da separação pode ser afetada pelo comprimento, diâmetro e material de embalagem da coluna.

• **Volume e concentração da amostra**: A otimização é necessária para evitar a sobrecarga da amostra ou efeitos de diluição.

. **Compatibilidade do tampão**: Compatibilidade do tampão com a amostra e a resina para manter a estabilidade e a atividade das biomoléculas.

Direcções futuras

. **Concepções avançadas de matrizes**: Desenvolvimento de novos materiais de gel com maior seletividade, resolução e estabilidade.

. **Sistemas de alto rendimento**: Automação e robótica para aumentar a eficiência e a reprodutibilidade no bioprocessamento em grande escala.

- **Sistemas integrados de cromatografia**: Integração com outras técnicas cromatográficas para estratégias de purificação multidimensional.

A cromatografia de filtração em gel continua a ser uma técnica fundamental na separação e análise biomolecular devido à sua simplicidade, eficácia e capacidade de preservar a integridade biomolecular. Os avanços contínuos na tecnologia de resina e na automatização do sistema irão aumentar ainda mais a sua utilidade na investigação, na produção biofarmacêutica e nas aplicações industriais.

6.1.6. Purificação por afinidade

A purificação por afinidade é uma técnica cromatográfica altamente selectiva utilizada para isolar biomoléculas com base nas suas interacções de ligação específicas com ligandos imobilizados num suporte sólido. Este método explora a afinidade única entre uma molécula alvo (por exemplo, proteína, ácido nucleico) e um ligando específico (por exemplo, anticorpo, recetor, análogo de substrato) que está ligado covalentemente à matriz cromatográfica. Apresentamos de seguida uma visão geral da purificação por afinidade, os seus princípios, aplicações e considerações:

Princípios da purificação por afinidade

. **Fase estacionária**: O suporte sólido (matriz) é normalmente constituído por esferas de agarose ou nanopartículas magnéticas, funcionalizadas com o ligando específico que interage com a molécula alvo.

. **Fase móvel**: Solução tampão utilizada para eluir a amostra e facilitar os processos de ligação e eluição.

. **Interação de ligação**: A molécula alvo liga-se seletivamente ao ligando imobilizado na matriz através de interacções altamente específicas e reversíveis (por exemplo, antigénio-anticorpo, enzima-substrato, recetor-ligando).

. **Eluição**: Eluir a molécula alvo ligada da matriz, interrompendo a interação de ligação em condições controladas (por exemplo, alteração do pH, força iónica, eluição competitiva).

Etapas da purificação por afinidade

1. **Preparação da matriz**: Funcionalizar a matriz cromatográfica com o ligando específico através de ligação covalente ou acoplamento por afinidade.

2. **Equilibração**: Condicionar a coluna com tampão para estabilizar o sistema e preparar o carregamento da amostra.

3. **Carregamento da amostra**: Aplicar a amostra que contém a molécula alvo na coluna, permitindo que esta interaja e se ligue especificamente ao ligando imobilizado.

4. **Lavagem**: Remover as moléculas não ligadas e os contaminantes através da lavagem da coluna com tampão, mantendo a especificidade da ligação.

5. **Eluição**: Eluir a molécula alvo ligada da coluna em condições que perturbem a interação de ligação, libertando assim a molécula purificada.

6. **Regeneração**: Regenerar a coluna de afinidade para reutilização

através da lavagem com tampões de regeneração adequados para remover moléculas residuais ligadas e preparar para ciclos de purificação subsequentes.

Factores que influenciam a purificação por afinidade

- **Especificidade da interação**: A afinidade entre o ligando e a molécula alvo determina a seletividade e a pureza da purificação.

. **Composição do tampão**: o pH, a força iónica e a composição influenciam a estabilidade da interação e a eficiência da eluição.

• **Complexidade da amostra**: A elevada especificidade reduz a ligação não específica, tornando-a adequada para amostras complexas que contêm várias biomoléculas.

Aplicações da purificação por afinidade

. **Purificação de proteínas**: Isolamento de proteínas recombinantes, anticorpos, enzimas e outras proteínas com elevada especificidade e rendimento.

. **Purificação de ácidos nucleicos**: Separação de fragmentos de ADN ou ARN com base em interacções de ligação específicas (por exemplo, proteínas de ligação ao ADN).

. **Ensaios biológicos**: Preparação de colunas de cromatografia de afinidade para o estudo de interacções biomoleculares, cinética enzimática e descoberta de medicamentos.

Vantagens da Purificação por Afinidade

. **Elevada seletividade**: Proporciona uma elevada pureza e especificidade ao visar a interação entre o ligando e o seu parceiro de ligação.

. **Condições suaves**: Mantém a estrutura nativa e a atividade biológica da molécula purificada, minimizando a desnaturação.

* **Escalabilidade**: Adequado tanto para investigação em pequena escala como para aplicações industriais em grande escala.

Considerações e desafios

. **Imobilização do ligando**: Fixação óptima do ligando à matriz para garantir a estabilidade e a retenção da afinidade de ligação.

* **Custo**: Os custos iniciais de preparação para a síntese do ligando e a funcionalização da matriz podem ser mais elevados em comparação com outros métodos cromatográficos.

- **Regeneração**: Os protocolos de regeneração adequados são essenciais para manter o desempenho e a longevidade da coluna.

Direcções futuras

. **Sistemas multi-ligandos**: Desenvolvimento de sistemas de afinidade multi-específicos para a purificação simultânea de múltiplos alvos.

. **Cromatografia de afinidade de alto rendimento**: Automação e robótica para rastreio e purificação rápidos na descoberta de medicamentos e na proteómica.

. **Conceção avançada de ligandos**: Novos ligandos com maior especificidade e afinidade para uma aplicação mais alargada em biotecnologia e medicina.

A purificação por afinidade continua a ser uma técnica fundamental na investigação biomolecular, na produção biofarmacêutica e no diagnóstico, devido à sua especificidade sem paralelo e à sua capacidade de isolar moléculas-alvo com elevada pureza e rendimento. Os avanços contínuos na conceção de ligandos, na tecnologia de matrizes e na automatização irão expandir ainda mais as suas capacidades e aplicações no futuro.

7. TECNOLOGIA ENZIMÁTICA

A tecnologia enzimática engloba a aplicação de enzimas em vários processos industriais, desde a produção de alimentos e bebidas até aos produtos farmacêuticos, têxteis e biocombustíveis. Aqui está uma visão geral dos princípios, aplicações e considerações sobre a tecnologia enzimática:

Princípios da tecnologia enzimática

- **. Função das enzimas**: As enzimas são catalisadores biológicos que aceleram as reacções químicas através da redução da energia de ativação, permitindo transformações bioquímicas específicas em condições moderadas.

- **Especificidade**: As enzimas apresentam uma elevada especificidade de substrato, reconhecendo e ligando-se a substratos específicos para catalisar reacções com elevada eficiência.

- **Condições de reação**: As enzimas funcionam de forma óptima em condições específicas de pH, temperatura e concentrações de substrato, que influenciam a sua atividade e estabilidade.

- **Regulação**: A atividade enzimática pode ser regulada por factores como inibidores, activadores e modificações pós-traducionais.

Aplicações da tecnologia enzimática

1. **Indústria de alimentos e bebidas:**

   o **Fabrico de cerveja e vinho**: Enzimas como as amilases e proteases são utilizadas para a hidrólise do amido e a degradação das proteínas.

o **Processamento de lacticínios**: Enzimas como o coalho para a produção de queijo e a lactase para a hidrólise da lactose nos produtos lácteos.

o **Cozedura**: As amilases e lipases melhoram o manuseamento e a textura da massa.

2. **Indústria têxtil**:

o **Biopolimento**: Enzimas como as celulases melhoram a qualidade do tecido, removendo a penugem e melhorando a suavidade da superfície.

o **Desengorduramento**: As amilases são utilizadas para remover os tamanhos à base de amido dos tecidos.

3. **Produção de biocombustíveis**:

o **Bioetanol**: Enzimas como as celulases e as amilases convertem a biomassa em açúcares fermentáveis para a produção de etanol.

o **Biodiesel**: As lipases catalisam a transesterificação de triglicéridos em biodiesel.

4. **Produtos farmacêuticos**:

o **Síntese de medicamentos**: Enzimas como as do citocromo P450 são utilizadas no metabolismo e na síntese de medicamentos.

o **Enzimas de diagnóstico**: Utilizadas em kits de diagnóstico para medir biomarcadores e enzimas em amostras biológicas.

5. **Aplicações ambientais**:

   o **Tratamento de resíduos**: As enzimas degradam os poluentes orgânicos no tratamento de águas residuais.

   o **Bioremediação**: As enzimas desintoxicam os poluentes no solo e na água.

Considerações sobre a tecnologia enzimática

- **Otimização**: A atividade e a estabilidade da enzima dependem do pH, da temperatura, da concentração do substrato e dos co-factores.

. **Imobilização**: Técnicas como a imobilização em suportes sólidos melhoram a estabilidade das enzimas e a sua reutilização em processos industriais.

. **Engenharia**: As técnicas de engenharia de proteínas melhoram as propriedades das enzimas, como a especificidade do substrato, a estabilidade e a resistência aos inibidores.

Direcções futuras

- **Engenharia Metabólica**: Conceção de enzimas e vias para uma melhor produção de biocombustíveis e produtos farmacêuticos.

- **Biocatálise**: Expansão das aplicações de enzimas na química verde e em processos sustentáveis.

. **Descoberta de enzimas**: Identificação de novas enzimas de extremófilos e comunidades microbianas para aplicações industriais.

Com certeza! As enzimas desempenham papéis cruciais em várias aplicações industriais devido à sua eficiência, especificidade e capacidade de funcionar em condições moderadas. Eis algumas das principais aplicações das enzimas na indústria:

7.1. Aplicações das Enzimas na Indústria

1. **Indústria de alimentos e bebidas**:

   o **Fabrico de cerveja**: Enzimas como as amilases e as proteases são utilizadas para degradar amidos e proteínas, respetivamente, durante os processos de fabrico de cerveja para produzir cerveja e outras bebidas fermentadas.

   o **Panificação**: As amilases, proteases e lipases melhoram o manuseamento da massa, a textura e o prazo de validade dos produtos de pastelaria, decompondo os amidos, as proteínas e os lípidos. o **Lacticínios**: O coalho (protease) é utilizado na produção de queijo para coagular as proteínas do leite, enquanto a lactase decompõe a lactose no leite para os consumidores intolerantes à lactose.

   o **Produção de sumos de fruta**: As pectinases ajudam a clarificar os sumos de fruta através da decomposição da pectina, melhorando o rendimento e a transparência.

2. **Indústria têxtil**:

   o **Biopolimento**: As celulases são utilizadas para remover a penugem e as fibras salientes dos tecidos, melhorando a suavidade e o aspeto.

- o **Desengorduramento**: As amilases decompõem os agentes de colagem à base de amido utilizados no fabrico de têxteis, facilitando o tratamento dos tecidos.

3. **Produção de biocombustíveis**:

   - o **Bioetanol**: As celulases e as amilases convertem a biomassa lignocelulósica em açúcares fermentáveis, que são depois fermentados em etanol.

   - o **Biodiesel**: As lipases catalisam a transesterificação de triglicéridos de óleos vegetais em biodiesel.

4. **Indústria de detergentes**:

   - o **Detergentes para a roupa**: As proteases e as lipases decompõem as manchas proteicas e gordurosas, respetivamente, melhorando o desempenho do detergente na limpeza.

5. **Indústria farmacêutica**:

   - o **Síntese de medicamentos**: Enzimas como as do citocromo P450 são utilizadas no metabolismo e na síntese de medicamentos, facilitando a produção de compostos farmacêuticos.

   - o **Enzimas de diagnóstico**: As enzimas são utilizadas em kits de diagnóstico para medir biomarcadores e enzimas em amostras biológicas.

6. **Aplicações ambientais**:

   - o **Tratamento de águas residuais**: As enzimas degradam os poluentes orgânicos, gorduras e óleos nas águas residuais, melhorando a eficiência do tratamento e reduzindo o impacto ambiental.

o **Bioremediação**: As enzimas desintoxicam os poluentes no solo e na água, decompondo os produtos químicos perigosos em substâncias menos nocivas.

7. **Indústria do papel e da pasta de papel**:

o **Branqueamento da pasta** de **papel**: Enzimas como as xilanases e as ligninases são utilizadas para reduzir o impacto ambiental dos processos de branqueamento da pasta de papel, reduzindo a utilização de produtos químicos.

Vantagens da utilização de enzimas na indústria

- **Especificidade**: As enzimas apresentam uma elevada especificidade de substrato, reduzindo as reacções secundárias e aumentando o rendimento do produto.

. **Condições suaves**: As enzimas funcionam em condições suaves de pH e temperatura, reduzindo o consumo de energia e preservando a integridade do produto.

- **Biodegradabilidade**: As enzimas são biodegradáveis e têm um impacto ambiental mínimo em comparação com os catalisadores químicos.

. **Eficiência**: As enzimas aceleram as taxas de reação, conduzindo a tempos de processamento mais rápidos e a uma maior produtividade.

Desafios e considerações

- **Custo**: Os custos iniciais de produção e purificação de enzimas podem ser elevados, embora os avanços na engenharia enzimática e na otimização de bioprocessos estejam a reduzir os custos.

- **Estabilidade**: A estabilidade da enzima em condições industriais (por exemplo, pH, temperatura, inibidores) e durante o armazenamento é fundamental para um desempenho consistente.

- **Conformidade regulamentar**: Aprovações regulamentares e considerações de segurança para aplicações de enzimas nos sectores alimentar, farmacêutico e ambiental.

A tecnologia enzimática continua a avançar com inovações na descoberta de enzimas, engenharia de proteínas e bioprocessamento, impulsionando soluções sustentáveis em diversos sectores industriais.

As enzimas imobilizadas referem-se a enzimas que estão ligadas ou confinadas a um suporte sólido ou matriz, mantendo a sua atividade catalítica. Esta técnica oferece várias vantagens sobre as enzimas livres, incluindo maior estabilidade, reutilização e separação mais fácil dos produtos da reação. Aqui está uma visão geral das enzimas imobilizadas, suas aplicações e considerações:

7.2. Princípios de Enzimas Imobilizadas

- **Matriz de suporte**: Materiais sólidos, tais como esferas de agarose, gel de sílica, celulose ou nanopartículas magnéticas, servem de suporte para a imobilização de enzimas.

- **Métodos de fixação**: As enzimas podem ser imobilizadas por adsorção, ligação covalente, aprisionamento ou encapsulamento na matriz.

- **Atividade catalítica**: As enzimas imobilizadas mantêm a sua atividade catalítica específica e a especificidade do substrato, facilitando a conversão eficiente de substratos em produtos.

- **Reutilização**: O processo de imobilização permite que as enzimas sejam reutilizadas várias vezes, reduzindo o consumo de enzimas e os custos globais.

Métodos de imobilização

1. **Adsorção**: As enzimas aderem à superfície do material de suporte através de interacções fracas (por exemplo, hidrofóbicas, electrostáticas), retendo a atividade enzimática.

2. **Ligação covalente**: As enzimas são ligadas covalentemente à matriz de suporte através de ligações químicas, assegurando uma forte ligação e estabilidade.

3. **Aprisionamento**: As enzimas ficam fisicamente presas nos poros ou cavidades da matriz de suporte, permitindo o acesso ao substrato e protegendo a enzima.

4. **Encapsulamento**: As enzimas são encerradas em membranas semipermeáveis ou microcápsulas, proporcionando proteção e permitindo a difusão do substrato.

Aplicações de Enzimas Imobilizadas

- **Biocatálise**: Utilizada em vários processos industriais em que as enzimas catalisam reacções num ambiente controlado:

o **Indústria alimentar**: Produção de xarope de milho com alto teor de frutose, adoçantes e aditivos alimentares.

o **Produtos farmacêuticos**: Síntese de produtos farmacêuticos intermédios e de princípios activos.

o **Biocombustíveis**: Conversão da biomassa em biocombustíveis como o bioetanol e o biodiesel.

o **Remediação ambiental**: Enzimas para biorremediação de poluentes em águas residuais e no solo.

- **Aplicações analíticas e de diagnóstico**: As enzimas imobilizadas são utilizadas em biossensores e ensaios de diagnóstico para detetar biomarcadores e analitos com elevada sensibilidade e especificidade.

Aplicações biomédicas: Em medicina, as enzimas imobilizadas podem ser utilizadas em sistemas de libertação controlada de fármacos e em terapias dirigidas a doenças específicas.

Vantagens das Enzimas Imobilizadas

- **Estabilidade operacional**: Estabilidade melhorada numa vasta gama de pH, temperatura e condições de reação mais severas em comparação com as enzimas livres.

- **Reutilização**: As enzimas imobilizadas podem ser reutilizadas várias vezes, reduzindo os custos das enzimas e melhorando a economia do processo.

- **Pureza do produto**: Facilita a separação fácil das enzimas dos produtos de reação, conduzindo a uma maior pureza dos produtos finais.

- **Intensificação de processos**: Permite processos contínuos e em lote, aumentando a produtividade e a eficiência.

Considerações e desafios

. **Limitações de transferência de massa**: As limitações de difusão na matriz do suporte podem afetar as interacções enzima-substrato e as taxas de reação.

. **Carga enzimática**: A carga enzimática óptima é fundamental para manter a eficiência catalítica e maximizar a produtividade.

- **Compatibilidade da matriz de suporte**: Compatibilidade com o substrato e as condições de reação para garantir a estabilidade e a atividade da enzima.

- **Custo e aumento de escala**: Custos iniciais para materiais de suporte e técnicas de imobilização, juntamente com a escalabilidade para aplicações industriais.

Direcções futuras

- **Suportes nanoestruturados**: Desenvolvimento de nanomateriais para melhorar a imobilização e o desempenho das enzimas.

. **Sistemas Multi-Enzimáticos**: Integração de múltiplas enzimas num único suporte para processos biocatalíticos complexos.

. **Imobilização inteligente**: Conceção de materiais reactivos que ajustam a atividade enzimática em resposta a estímulos externos.

As enzimas imobilizadas continuam a ser uma ferramenta valiosa na biotecnologia e no bioprocessamento industrial, oferecendo soluções sustentáveis e eficientes para diversas aplicações que vão desde a produção alimentar à proteção ambiental e aos cuidados de saúde.

7.3. Conceção de catalisadores superiores

A conceção de catalisadores de qualidade superior é uma tarefa multidimensional que exige um conhecimento profundo da ciência dos materiais, da química das superfícies e da cinética das reacções. Os catalisadores desempenham um papel crucial na aceleração das reacções químicas através da redução da energia de ativação, aumentando assim as taxas de reação e a seletividade. Aqui está uma exploração detalhada dos principais aspectos envolvidos na conceção de catalisadores superiores:

1. Composição do catalisador

A composição de um catalisador é fundamental para determinar o seu desempenho. Os cientistas seleccionam cuidadosamente os materiais com base na sua capacidade de facilitar as transformações químicas desejadas. Os factores considerados incluem:

. **Composição química**: A composição elementar do catalisador afecta a sua atividade catalítica. Os metais de transição, como a platina, o paládio e o níquel, são materiais catalisadores comuns devido à sua capacidade de participar em reacções redox.

- **Área de superfície e porosidade**: Uma área de superfície elevada permite a existência de mais locais activos onde podem ocorrer reacções. Os materiais porosos ou as superfícies nanoestruturadas podem maximizar esta área, aumentando a eficiência catalítica.

2. Engenharia ativa do local

As reacções catalíticas ocorrem em locais activos específicos na superfície do catalisador. Os engenheiros e os químicos concentram-se em:

- **Densidade de sítios activos**: A maximização da densidade de sítios activos assegura a utilização eficiente da superfície do catalisador para a reação.

- **Modificação dos locais activos**: Adaptar o catalisador para melhorar sítios específicos onde os intermediários da reação se ligam e sofrem transformação.

3. Modificações de superfície

As propriedades da superfície influenciam significativamente a atividade catalítica e a seletividade:

- **Química de superfície**: A funcionalização ou dopagem da superfície do catalisador com átomos ou grupos funcionais altera a sua reatividade em relação a determinadas moléculas.

- **Energia de superfície**: O ajuste da energia da superfície pode aumentar a adsorção de reagentes e facilitar as etapas subsequentes da reação.

4. Materiais de apoio

Muitos catalisadores são suportados em materiais inertes como a alumina, a sílica ou os zeólitos:

- **Estabilização**: Os materiais de suporte evitam a agregação e a perda de sítios activos, aumentando a longevidade do catalisador.

. **Dispersão melhorada**: Melhorar a dispersão das espécies activas no suporte aumenta o desempenho catalítico.

5. Nanoestruturação

Os catalisadores nanométricos oferecem vantagens únicas:

- . **Efeitos de tamanho**: As nanopartículas apresentam uma maior relação área de superfície/volume, aumentando a densidade dos sítios activos e melhorando a cinética da reação.

- **Sintonização do tamanho**: O controlo do tamanho das nanopartículas permite uma afinação precisa das propriedades catalíticas.

6. Modelação computacional

Técnicas computacionais avançadas ajudam na conceção de catalisadores:

- **Teoria do Funcional da Densidade (DFT)**: Prevê o comportamento do catalisador e a interação com os reagentes, orientando a seleção e modificação do material.

- . **Dinâmica molecular (MD)**: Simula o comportamento do catalisador em condições de reação, prevendo o desempenho e a estabilidade.

7. Integração da Engenharia das Reacções

A otimização do desempenho do catalisador requer a consideração da conceção do reator:

- **Transferência de massa e calor**: Assegurar o transporte eficiente de reagentes e produtos de e para as superfícies do catalisador.

- **Controlo da temperatura e da pressão**: As condições do reator afectam a atividade e a seletividade do catalisador, necessitando de uma otimização cuidadosa.

8. Caracterização do catalisador

A caraterização exaustiva é essencial para compreender a estrutura e o desempenho do catalisador:

. **Difração de raios X (XRD)**: Determina a estrutura cristalina e a composição das fases.

. **Microscopia eletrónica de transmissão (TEM)**: Fornece imagens de alta resolução da morfologia do catalisador.

- **Técnicas espectroscópicas (IR, XPS)**: Analisam a química da superfície e identificam os sítios activos.

Ao integrar estas abordagens, os investigadores podem conceber catalisadores que são não só altamente activos e selectivos, mas também estáveis em condições operacionais. Esta abordagem multidisciplinar continua a fazer avançar o domínio da catálise, permitindo o desenvolvimento de catalisadores para uma vasta gama de processos industriais, desde a petroquímica até à remediação ambiental.

7.4. Novos desenvolvimentos na tecnologia enzimática

Os recentes desenvolvimentos na tecnologia enzimática têm-se centrado no alargamento do âmbito das aplicações enzimáticas, particularmente em ambientes tradicionalmente difíceis para os biocatalisadores, como os solventes orgânicos. Estes avanços têm como objetivo melhorar a estabilidade, a versatilidade e a eficiência dos biocatalisadores para aplicações industriais e biotecnológicas. Eis os principais desenvolvimentos:

Reação em Solventes Orgânicos

As enzimas funcionam tradicionalmente em ambientes aquosos devido às suas origens biológicas, mas muitos processos industriais requerem solventes orgânicos para a solubilidade do substrato ou para as condições de reação. Desenvolvimentos recentes têm-se centrado em:

- **Tolerância a solventes**: Engenharia de enzimas para tolerar solventes orgânicos, estabilizando a sua estrutura e evitando a desnaturação.

- **Sistemas de co-solventes**: Utilização de co-solventes ou surfactantes para manter a estabilidade e a atividade das enzimas em meios orgânicos.

- **Imobilização**: Imobilização de enzimas em suportes sólidos ou em matrizes compatíveis com solventes orgânicos, aumentando a estabilidade e a capacidade de reciclagem.

Biocatalisadores estáveis

A necessidade de biocatalisadores estáveis estende-se para além dos ambientes de solventes orgânicos, incluindo pH rigoroso, temperaturas extremas e concentrações elevadas de inibidores. Os principais desenvolvimentos incluem:

- **Engenharia de proteínas**: Conceção racional ou evolução dirigida para melhorar a estabilidade das enzimas em condições específicas, como extremos de pH ou temperatura.

- **Metaloenzimas**: Utilização de iões metálicos ou cofactores para estabilizar as estruturas enzimáticas e aumentar a eficiência catalítica.

. **Substratos não naturais**: Engenharia de enzimas para aceitar substratos não naturais ou realizar novas reacções, expandindo as suas aplicações industriais.

Biocatálise na indústria

. **Produtos farmacêuticos**: Síntese enzimática de intermediários farmacêuticos e ingredientes activos em solventes orgânicos para melhorar a eficiência e a pureza.

. **Química fina**: Produção de especialidades químicas e aromas utilizando enzimas em sistemas de solventes orgânicos para um controlo preciso e rendimentos elevados.

. **Biocombustíveis**: Conversão de biomassa em biocombustíveis utilizando enzimas estáveis em solventes orgânicos, melhorando a economia e a sustentabilidade do processo.

Desafios e considerações

- **Especificidade do substrato**: Garantir que as enzimas mantêm a especificidade e a eficiência quando catalisam reacções em ambientes não aquosos.

. **Limitações de transferência de massa**: Abordagem das limitações de difusão de substratos e produtos em sistemas de solventes orgânicos e matrizes de imobilização.

- **Custo e aumento de escala**: Equilibrar o custo da produção e imobilização de enzimas com os benefícios de uma maior estabilidade e desempenho catalítico.

Direcções futuras

. **Engenharia enzimática**: Avanços contínuos na engenharia de proteínas e técnicas de evolução dirigida para conceber enzimas com propriedades adaptadas a aplicações industriais específicas.

. **Solventes biocompatíveis**: Desenvolvimento de novos solventes biocompatíveis que imitam ambientes aquosos para alargar a aplicabilidade das enzimas.

. **Sistemas Multi-Enzimáticos**: Integração de múltiplas enzimas ou cascatas de enzimas para reacções complexas em solventes orgânicos, imitando vias metabólicas para uma biocatálise eficiente.

De um modo geral, os novos desenvolvimentos na tecnologia enzimática estão a abrir caminho para uma maior utilização de biocatalisadores em diversos sectores industriais, abordando desafios relacionados com a estabilidade, a especificidade do substrato e as condições operacionais em ambientes de solventes orgânicos. Estes avanços são promissores para aumentar a eficiência, a sustentabilidade e a relação custo-eficácia dos processos biotecnológicos

7.5. Antibióticos e outros metabolitos secundários de interesse farmacêutico

Os metabolitos secundários são compostos orgânicos produzidos por microrganismos, plantas e animais que não estão diretamente envolvidos no seu crescimento, desenvolvimento ou reprodução normais. Estes compostos, embora não sejam essenciais para os processos metabólicos básicos, desempenham papéis cruciais nas interacções ecológicas, nos mecanismos de defesa e na sinalização. Entre os metabolitos secundários, os antibióticos e outros compostos farmacêuticos têm uma importância significativa na medicina devido às suas propriedades terapêuticas.

1. Antibióticos

Os antibióticos são uma classe de metabolitos secundários produzidos principalmente por microrganismos como as bactérias e os fungos. Inibem o crescimento ou matam outros microrganismos e são utilizados para tratar infecções bacterianas.

a. Tipos de antibióticos

. **Beta-lactâmicos**: Inclui penicilinas, cefalosporinas, carbapenemes e

monobactâmicos. Inibem a síntese da parede celular bacteriana.

. **Aminoglicosídeos**: Inclui a estreptomicina, a gentamicina e a neomicina. Inibem a síntese proteica ao ligarem-se ao ribossoma bacteriano.

• **Tetraciclinas**: Antibióticos de largo espetro que inibem a síntese proteica.

. **Macrólidos**: Inclui a eritromicina e a azitromicina. Também inibem a síntese proteica.

• **Quinolonas**: Inclui a ciprofloxacina e a levofloxacina. Inibem a DNA girase e a topoisomerase IV, essenciais para a replicação do DNA bacteriano.

• **Glicopeptídeos**: Inclui a vancomicina e a teicoplanina. Inibem a síntese da parede celular em bactérias Gram-positivas.

b. Mecanismos de ação

. **Inibição da síntese da parede celular**: Impede que as bactérias formem paredes celulares, levando à lise celular (p. ex., penicilinas).

. **Inibição da síntese proteica**: Tem como alvo os ribossomas bacterianos, interrompendo a produção de proteínas (por exemplo, tetraciclinas, macrólidos).

. **Inibição da síntese de ácidos nucleicos**: Interfere com a replicação ou a transcrição do ADN (por exemplo, quinolonas).

- **Inibição da via metabólica**: Bloqueia enzimas e vias bacterianas essenciais (por exemplo, sulfonamidas).

c. Resistência e desafios

- **Mecanismos de resistência**: As bactérias desenvolvem resistência através de vários mecanismos, como a produção de enzimas que degradam os antibióticos, a alteração dos locais-alvo e as bombas de efluxo que expulsam os antibióticos.

- **Combater a resistência**: As estratégias incluem o desenvolvimento de novos antibióticos, a utilização de terapias combinadas e a implementação de melhores práticas de gestão.

2. Outros metabolitos secundários de interesse farmacêutico

a. Antifúngicos

. **Polienos**: Inclui a anfotericina B, que se liga ao ergosterol nas membranas das células fúngicas, provocando a fuga do conteúdo celular.

. **Azóis**: Inclui o fluconazol e o itraconazol, que inibem a síntese do ergosterol, perturbando a estrutura da membrana celular dos fungos.

. **Equinocandinas**: Inibem a síntese de glucano nas paredes celulares dos fungos.

b. Antivirais

* **Análogos de nucleósidos**: Inclui o aciclovir e a zidovudina, que imitam os nucleótidos e interferem com a replicação do ADN viral.

* **Inibidores da protease**: Inclui o ritonavir e o lopinavir, que inibem as enzimas proteases virais, essenciais para a maturação do vírus.

. **Inibidores da neuraminidase**: Inclui o oseltamivir e o zanamivir, que impedem a libertação de novas partículas virais das células infectadas.

c. Agentes anticancerígenos

. **Alcalóides**: Inclui a vincristina e a vinblastina, que inibem a formação de microtúbulos, perturbando a divisão celular.

. **Taxanos**: Inclui o paclitaxel, que estabiliza os microtúbulos e impede a sua desmontagem, inibindo a divisão celular.

. **Antraciclinas**: Inclui a doxorrubicina, que intercala o ADN e inibe a topoisomerase II, provocando danos no ADN.

d. Imunossupressores

* **Ciclosporina**: Inibe a ativação das células T, utilizada no

transplante de órgãos.

. **Tacrolimus**: Inibe a ativação das células T, também utilizado no transplante de órgãos e em doenças auto-imunes.

e. Agentes redutores de colesterol

* **Estatinas**: Inclui a lovastatina e a sinvastatina, que inibem a HMG-CoA redutase, reduzindo a síntese de colesterol.

f. Agentes anti-inflamatórios

* **Anti-inflamatórios não esteróides (AINEs)**: Inclui a aspirina e o ibuprofeno, que inibem as enzimas ciclo-oxigenase (COX), reduzindo a inflamação e a dor.

g. Antiparasitários

. **Antimaláricos**: Inclui a artemisinina e o quinino, que têm como alvo o parasita da malária.

. **Anti-helmínticos**: Inclui a ivermectina e o albendazol, que têm como alvo os vermes parasitas.

7.6. Fontes de antibióticos e metabolitos secundários

As fontes de antibióticos e metabolitos secundários são diversas, provenientes de vários organismos na natureza, incluindo bactérias, fungos, plantas e organismos marinhos. Estes compostos desempenham papéis cruciais na medicina, na agricultura e na indústria. Aqui está uma visão geral das fontes e da importância dos antibióticos e metabolitos secundários:

Fontes de Antibióticos e Metabolitos Secundários

1. **Bactérias**:

   o **Streptomyces spp**: Estas bactérias que vivem no solo são produtoras prolíficas de antibióticos como a estreptomicina, a eritromicina e a vancomicina.

   o **Actinomicetos**: Incluindo géneros como Actinomyces e Micromonospora, conhecidos por produzirem uma vasta gama de antibióticos e outros compostos bioactivos.

2. **Fungos**:

   o **Penicillium spp.** : Famoso por produzir penicilina, o primeiro antibiótico descoberto.

   o **Aspergillus spp**: Fonte de compostos como a griseofulvina (antifúngico) e a lovastatina (medicamento para baixar o colesterol).

3. **Plantas**:

   o **Plantas medicinais**: Muitas plantas produzem metabolitos secundários com propriedades antibióticas para se defenderem contra agentes patogénicos e pragas.

   o **Artemisia annua**: Fonte de artemisinina, utilizada no tratamento da malária.

   o **Digitalis purpurea**: Produz digoxina, utilizada em medicamentos para o coração.

4. **Organismos marinhos**:

   o **Esponjas, corais e algas**: Fontes ricas de compostos

bioactivos com propriedades antibióticas e antifúngicas.

- o **Bactérias marinhas**: Adaptadas a condições extremas, produzem novos antibióticos e metabolitos secundários.

5. **Biologia Sintética e Biotecnologia**:

- o **Microrganismos de engenharia**: Modificados para produzir antibióticos ou metabolitos secundários específicos através de engenharia genética e processos de fermentação.

Significado e aplicações

- . **Medicina**: Os antibióticos são essenciais para o tratamento de infecções bacterianas e para combater os agentes patogénicos resistentes aos antibióticos.

- . **Agricultura**: Utilizado em produtos fitofarmacêuticos (fungicidas, bactericidas) e promotores de crescimento no gado.

- **Indústria**: Os metabolitos secundários servem como fontes de produtos farmacêuticos, aromas, fragrâncias e biocatalisadores.

- **Investigação**: Fornecer ferramentas para o estudo de vias bioquímicas, descoberta de medicamentos e compreensão das interacções microbianas.

Desafios e considerações

- . **Resistência aos antibióticos**: Surgimento de estirpes resistentes devido à utilização excessiva e incorrecta de antibióticos.

- . **Impacto ambiental**: A produção e eliminação de antibióticos pode levar à contaminação ambiental e ao desenvolvimento de resistência em bactérias não patogénicas.

- **Sustentabilidade**: Aprovisionamento sustentável de produtos naturais e desenvolvimento de novos métodos de produção.

Direcções futuras

- **Metagenómica**: Exploração de comunidades microbianas para novos genes e vias de produção de antibióticos.

- **Biologia sintética**: Engenharia de vias em microorganismos para a produção sustentável de produtos naturais complexos.

- . **Terapias de combinação**: Desenvolvimento de novas estratégias para combater a resistência aos antibióticos, tais como terapias combinadas e agentes antimicrobianos alternativos.

7.7. Melhoria da tensão

O melhoramento de estirpes refere-se ao processo de melhorar as características dos microrganismos (bactérias, fungos ou leveduras) através de métodos genéticos, bioquímicos ou físicos para otimizar o seu desempenho em processos industriais como a fermentação, a produção de enzimas ou a produção farmacêutica. Este processo tem como objetivo obter rendimentos mais elevados, melhor qualidade do produto, maior tolerância às condições ambientais e custos de produção reduzidos. Aqui está uma visão geral das estratégias e metodologias envolvidas no melhoramento de estirpes:

Estratégias para melhorar a tensão

1. **Engenharia genética**

   - o **Clonagem e expressão de genes**: Introdução ou sobreexpressão de genes que codificam enzimas envolvidas em vias metabólicas desejadas ou na síntese de produtos.

o **Knockout de genes**: Eliminação ou inativação de genes responsáveis por reacções secundárias indesejadas ou vias metabólicas que competem com a via do produto desejado.

o **Edição de genes**: Utilização de técnicas como a CRISPR-Cas9 para modificar com precisão os genes e otimizar as vias metabólicas.

2. **Mutagénese**

o **Mutagénese aleatória**: Induzir mutações em genomas microbianos utilizando agentes físicos ou químicos (por exemplo, irradiação UV, EMS) para gerar uma população diversificada de mutantes.

o **Evolução dirigida**: Aplicação de pressão selectiva para selecionar mutantes com características melhoradas, tais como maior produtividade ou resistência a inibidores.

3. **Engenharia Metabólica**

o **Engenharia de vias**: Redirecionar o fluxo metabólico através da manipulação das actividades enzimáticas e da disponibilidade de cofactores para aumentar a produção de compostos-alvo.

o **Equilíbrio das vias metabólicas**: Otimizar a estequiometria c a cinética das reacções metabólicas para melhorar a eficiência e o rendimento globais.

4. **Seleção e rastreio de estirpes**

   o **Triagem de alto rendimento**: Utilização de sistemas automatizados para avaliar um grande número de estirpes microbianas para características desejadas, como o rendimento da produção, a utilização de substratos ou a pureza do produto.

   o **Perfil Metabólico**: Analisar a impressão digital metabólica das estirpes para identificar potenciais alvos de melhoramento.

5. **Evolução adaptativa do laboratório (ALE)**

   o **Cultivo a longo prazo**: Sujeitar populações microbianas a um cultivo prolongado em condições selectivas para promover o aparecimento de estirpes com características desejadas.

   o **Sistemas de cultura contínua**: Manutenção de culturas microbianas em sistemas contínuos ou de lotes alimentados para se adaptarem a condições de crescimento específicas e melhorarem a produtividade.

6. **Otimização das condições de crescimento**

   o **Otimização dos meios**: Ajustar a composição dos nutrientes, o pH, a temperatura e o arejamento para maximizar o crescimento microbiano e a produtividade.

   o **Cultivo em lote alimentado e contínuo**: Controlar o fornecimento de nutrientes e a remoção de resíduos para manter condições óptimas de crescimento e formação de produtos.

Aplicações do melhoramento da deformação

- **Biotecnologia industrial**: Melhoramento de estirpes microbianas para a produção de biocombustíveis, enzimas, ácidos orgânicos e produtos farmacêuticos.

- **Indústria alimentar e de bebidas**: Melhoramento de estirpes de leveduras para processos de fermentação na produção de cerveja, vinho e pão.

- **Bioremediação ambiental**: Desenvolvimento de estirpes microbianas para a degradação de poluentes e tratamento de águas residuais.

- **Produção farmacêutica**: Otimização de hospedeiros microbianos para a síntese de antibióticos, vitaminas e outros compostos terapêuticos.

Desafios e considerações

- **Estabilidade genética**: Manter a estabilidade das estirpes modificadas durante períodos de cultivo prolongados.

- **Conformidade regulamentar**: Cumprimento dos requisitos regulamentares para a utilização de organismos geneticamente modificados (OGM) em aplicações industriais.

- **Viabilidade económica**: Equilíbrio entre os custos associados aos esforços de melhoria da estirpe e os potenciais benefícios em termos de produtividade e qualidade do produto.

O melhoramento de estirpes é um domínio dinâmico que combina microbiologia, genética, bioinformática e engenharia de processos para aproveitar todo o potencial dos microrganismos para aplicações industriais e biotecnológicas. Os avanços nas ferramentas genéticas e na engenharia metabólica continuam a impulsionar a inovação neste domínio, permitindo o desenvolvimento de bioprocessos sustentáveis e eficientes.

A necessidade de novos antibióticos é crítica devido a vários desafios prementes no domínio dos cuidados de saúde e da saúde pública. Eis algumas das principais razões que realçam a urgência de desenvolver novos antibióticos:

7.8. Razões para a necessidade de novos antibióticos

1. **Crise de resistência aos antibióticos:**

   o **Emergência de agentes patogénicos resistentes**: As bactérias evoluem rapidamente, desenvolvendo resistência aos antibióticos existentes através de mecanismos como mutações genéticas e transferência horizontal de genes.

   o **Opções de tratamento limitadas**: Muitas infecções estão a tornar-se cada vez mais difíceis ou mesmo impossíveis de tratar com os antibióticos actuais, o que leva a estadias hospitalares mais longas, a custos de cuidados de saúde mais elevados e a taxas de mortalidade mais altas.

   o **Infecções resistentes a múltiplos medicamentos**: A resistência desenvolveu-se contra múltiplos antibióticos (MDR) e mesmo contra tratamentos de último recurso (XDR e PDR), limitando seriamente as opções de tratamento.

2. **Impacto na saúde pública**:

   o **Ameaça global à saúde**: As infecções resistentes aos antibióticos representam uma ameaça significativa para a saúde mundial, afectando tanto os países desenvolvidos como os países em desenvolvimento.

   o **Impacto nas populações vulneráveis**: Os grupos de alto risco, como os doentes imunocomprometidos, os idosos e as pessoas submetidas a procedimentos médicos invasivos, são particularmente vulneráveis a infecções resistentes a antibióticos.

3. **Encargos económicos**:

   o **Aumento dos custos dos cuidados de saúde**: O tratamento de infecções resistentes é mais dispendioso devido ao prolongamento dos internamentos hospitalares, a testes de diagnóstico adicionais e à necessidade de antibióticos mais recentes e mais caros.

   o **Perda de produtividade**: As infecções resistentes podem levar a tempos de recuperação mais longos, incapacidade e perda de produtividade nos indivíduos afectados.

4. **Limitação da oferta de novos antibióticos**:

   o **Declínio na descoberta de antibióticos**: As empresas farmacêuticas reduziram o investimento na investigação e desenvolvimento de antibióticos devido aos elevados custos, aos desafios regulamentares e à perceção de retornos financeiros limitados em comparação com os medicamentos para doenças crónicas.

o **Falta de novos mecanismos**: Muitos antibióticos recentes são derivados de classes existentes com mecanismos de ação semelhantes, aumentando o risco de resistência cruzada.

5. **Gestão de antibióticos**:

   o **Preservar a eficácia**: O desenvolvimento de novos antibióticos com mecanismos de ação inovadores é crucial para os esforços de gestão de antibióticos, a fim de preservar a eficácia dos antibióticos existentes.

   o **Terapias de combinação**: Os novos antibióticos podem também permitir terapias combinadas para combater a resistência de forma mais eficaz e melhorar os resultados do tratamento.

Direcções e soluções futuras

. **Incentivos à investigação**: Os governos e as organizações internacionais podem fornecer incentivos, subsídios e apoio regulamentar para encorajar o investimento na investigação e desenvolvimento de antibióticos.

. **Sensibilização do público**: Sensibilizar os profissionais de saúde, os doentes e o público em geral para a resistência aos antibióticos e para a importância de uma utilização prudente dos antibióticos.

. **Abordagens alternativas**: Exploração de abordagens alternativas para combater as infecções bacterianas, como a terapia com fagos, a imunoterapia e os probióticos.

- **Colaboração global**: Reforçar a colaboração internacional e a partilha de dados para monitorizar as tendências de resistência e facilitar o desenvolvimento de novos antibióticos.

Em resumo, a necessidade de novos antibióticos é fundamental para enfrentar a ameaça crescente de infecções resistentes a antibióticos, melhorar os resultados dos doentes e reduzir os custos dos cuidados de saúde. Exige esforços concertados dos governos, investigadores, prestadores de cuidados de saúde e empresas farmacêuticas para desenvolver soluções inovadoras e garantir o acesso sustentável a antibióticos eficazes para as gerações futuras.

8. BIOTECNOLOGIA AMBIENTAL

A biotecnologia ambiental engloba a aplicação de processos e sistemas biológicos para abordar questões ambientais, melhorar a sustentabilidade e atenuar a poluição. Integra várias disciplinas como a microbiologia, a biologia molecular, a bioquímica e a engenharia para desenvolver soluções para os desafios ambientais. Eis uma visão geral que abrange os principais aspectos e aplicações da biotecnologia ambiental:

Áreas-chave da biotecnologia ambiental

1. **Bioremediação**

    o **Definição**: A utilização de microrganismos, plantas ou das suas enzimas para degradar ou desintoxicar poluentes no solo, na água e no ar.

    o **Tipos**:

    - **Bioremediação in situ**: Tratamento de contaminantes no local de contaminação.

    - **Biorremediação ex situ**: Remoção e tratamento de materiais contaminados fora do local.

    o **Exemplos**:

    - **Biodegradação de hidrocarbonetos**: Utilização de bactérias para decompor os derrames de petróleo.

    - **Fitoremediação**: Plantas como salgueiros e choupos absorvem e concentram os contaminantes do solo ou da água.

- **Bioestimulação e bioaumentação**: Aumento da atividade microbiana ou introdução de micróbios especializados para degradar poluentes específicos.

2. **Tratamento de resíduos e recuperação de recursos**

   o **Digestão anaeróbia**: A decomposição microbiana da matéria orgânica na ausência de oxigénio para produzir biogás (metano e CO2).

   o **Compostagem**: Decomposição biológica de resíduos orgânicos para produzir composto, um corretor de solo rico em nutrientes.

   o **Biosorção**: Utilização de materiais biológicos (por exemplo, algas, bactérias) para adsorver metais pesados e outros poluentes das águas residuais.

3. **Produção de bioenergia**

   o **Biocombustíveis**: Conversão de biomassa (por exemplo, material vegetal, algas) em combustíveis como o bioetanol, o biodiesel e o biogás através de processos de fermentação ou enzimáticos.

   o **Células de combustível microbianas**: Geração de eletricidade através do aproveitamento da atividade microbiana nos eléctrodos.

4. **Monitorização e avaliação ambiental**

   o **Biomonitorização**: Utilização de organismos como indicadores da saúde ambiental e dos níveis de poluentes.

o **Ferramentas genómicas**: Técnicas baseadas no ADN para detetar e identificar comunidades microbianas e as suas funções em ambientes naturais.

5. **Mitigação das alterações climáticas**

    o **Sequestro de carbono**: Utilização de plantas e micróbios para capturar e armazenar o CO2 atmosférico.

    o **Mitigação do metano**: Abordagens biotecnológicas para reduzir as emissões de metano de fontes agrícolas e industriais.

Aplicações da biotecnologia ambiental

* **Aplicações industriais**: Tratamento de águas residuais de indústrias como a alimentar, a farmacêutica e a têxtil.

. **Aplicações agrícolas**: Bioremediação do solo, ciclo de nutrientes e gestão de pragas.

. **Gestão ambiental urbana**: Gestão de resíduos, melhoria da qualidade do ar e planeamento urbano sustentável.

* **Gestão de recursos naturais**: Biologia da conservação, ecologia da restauração e práticas florestais sustentáveis.

Desafios e direcções futuras

* **Complexidade dos sistemas ambientais**: Compreensão e manipulação de diversas comunidades microbianas para aplicações ambientais específicas.

* **Aumento de escala e implementação**: Transformação de processos biotecnológicos à escala laboratorial em soluções em

grande escala e economicamente viáveis.

. Regulamentação e aceitação social: Abordagem das questões de segurança e dos quadros regulamentares relativos aos organismos geneticamente modificados (OGM) e às aplicações biotecnológicas no ambiente.

A biotecnologia ambiental continua a evoluir com os avanços da biologia molecular, da bioinformática e da biologia sintética, oferecendo soluções promissoras para os desafios ambientais globais. Ao aproveitar o poder dos processos biológicos, os investigadores e profissionais têm como objetivo criar práticas sustentáveis que preservem e recuperem os ecossistemas, satisfazendo simultaneamente as necessidades humanas de água, ar e solo limpos.

8.1. Aplicações ambientais da biotecnologia

A biotecnologia oferece inúmeras aplicações no domínio da gestão ambiental e da sustentabilidade, tirando partido dos processos e organismos biológicos para enfrentar os desafios ambientais. Eis algumas das principais aplicações ambientais da biotecnologia:

Aplicações ambientais da biotecnologia

1. **Bioremediação**:
    o **Definição**: A utilização de microorganismos (bactérias, fungos, algas) ou das suas enzimas para degradar poluentes e contaminantes no solo, na água e no ar.
    o **Exemplos**: Remediação de derrames de petróleo utilizando bactérias que degradam o petróleo, desintoxicação de

metais pesados por micróbios resistentes a metais e degradação de pesticidas e produtos químicos industriais.

2. **Tratamento de resíduos e recuperação de recursos**:

   o **Digestão anaeróbia**: Digestão microbiana de resíduos orgânicos para produzir biogás (metano) para energia e biofertilizantes.

   o **Compostagem**: Decomposição microbiana de resíduos orgânicos em composto, reduzindo os resíduos depositados em aterros e enriquecendo a fertilidade do solo.

3. **Controlo Biológico de Pragas e Doenças**:

   o **Biopesticidas**: Utilização de agentes microbianos (por exemplo, Bacillus thuringiensis) ou dos seus produtos para controlar as pragas de insectos e os agentes patogénicos na agricultura.

   o **Agentes de Biocontrolo**: Introdução de micróbios benéficos para suprimir as doenças das plantas e melhorar a saúde das culturas sem pesticidas químicos.

4. **Fixação biológica do azoto**:

   o **Relações simbióticas**: Utilização de bactérias fixadoras de azoto (por exemplo, Rhizobium) para converter o azoto atmosférico numa forma utilizável pelas plantas, reduzindo a necessidade de fertilizantes sintéticos.

   o **Melhoria do ciclo de nutrientes**: Os processos microbianos no solo e nos ambientes aquáticos contribuem para o ciclo de nutrientes e a resiliência dos ecossistemas.

5. **Fitoremediação**:

   o **Remediação à base de plantas**: Utilização de plantas para extrair, degradar ou imobilizar poluentes do solo e da água, muitas vezes em combinação com inoculantes microbianos para aumentar a eficiência.

   o **Hiperacumuladores**: As plantas que acumulam altas concentrações de metais podem ser usadas para remediar sítios contaminados.

6. **Biocombustíveis e energias renováveis**:

   o **Bioetanol**: Fermentação de açúcares derivados de biomassa (milho, cana-de-açúcar, celulose) por leveduras ou bactérias para a produção de etanol.

   o **Biodiesel**: Transesterificação de óleos vegetais ou gorduras animais para produzir uma alternativa renovável aos combustíveis fósseis.

7. **Aquacultura e biotecnologia marinha**:

   o **Bioremediação microbiana**: Utilização de bactérias e algas para tratar águas residuais e melhorar a qualidade da água em sistemas de aquacultura.

   o **Biocombustíveis de algas**: Cultivo de algas para a produção de biocombustíveis, utilizando a eficiência fotossintética e o elevado teor de lípidos.

8. **Monitorização ambiental e biossensores**:

   o **Sensores biológicos**: Utilização de organismos geneticamente modificados (OGM) ou biomoléculas para detetar poluentes, agentes patogénicos e alterações ambientais.

o **Indicadores microbianos**: Monitorização das comunidades microbianas para avaliar a saúde do ecossistema e os níveis de poluição.

Vantagens da biotecnologia ambiental

- **Sustentabilidade**: Promove práticas sustentáveis, reduzindo a utilização de produtos químicos, a produção de resíduos e o impacto ambiental.

- **Versatilidade**: Pode ser aplicado em diversos ambientes e sectores, desde a agricultura à gestão de resíduos urbanos.

- **Custo-efetividade**: Oferece soluções económicas em comparação com os tratamentos químicos tradicionais e os métodos de produção de energia.

- **Integração**: Integra-se frequentemente com as estratégias tradicionais de gestão ambiental para aumentar a eficiência e a eficácia.

Desafios e considerações

- **Quadros regulamentares**: Garantir a segurança e a eficácia na utilização de organismos geneticamente modificados e soluções de bioengenharia.

. **Perceção pública**: Responder às preocupações do público relativamente aos OGM e às intervenções biotecnológicas na gestão ambiental.

. **Efeitos a longo prazo**: Avaliar os impactos a longo prazo nos ecossistemas e na biodiversidade para garantir a sustentabilidade.

8.2. Tratamento de resíduos e de águas residuais

O tratamento de resíduos e de águas residuais utilizando abordagens biotecnológicas é crucial para a sustentabilidade ambiental, a redução da poluição e a conservação dos recursos. Eis uma visão geral das aplicações biotecnológicas no tratamento de resíduos e águas residuais:

Abordagens biotecnológicas no tratamento de resíduos e águas residuais

1. **Bioremediação de resíduos sólidos**:

    o **Compostagem**: Degradação microbiana de resíduos orgânicos (resíduos alimentares, resíduos agrícolas) para produzir composto, um corretor de solo rico em nutrientes.

    o **Vermicompostagem**: Utilização de minhocas para melhorar a decomposição e o ciclo de nutrientes nos resíduos orgânicos.

2. **Bioremediação de solos contaminados**:

    o **Bioestimulação e bioaumentação**: Introdução de microrganismos ou nutrientes para aumentar a degradação de contaminantes orgânicos (hidrocarbonetos, pesticidas) no solo.

    o **Fitorremediação**: Remediação baseada em plantas, em que as plantas e os micróbios a elas associados desintoxicam os poluentes do solo através da absorção, degradação ou imobilização.

3. **Digestão anaeróbia de resíduos orgânicos**:

  o **Produção de biogás**: Digestão microbiana de matéria orgânica na ausência de oxigénio para produzir biogás (metano e dióxido de carbono).

  o **Bioenergia**: Utilização do biogás para a produção de calor e eletricidade, reduzindo a dependência dos combustíveis fósseis.

4. **Tratamento de águas residuais**:

  o **Processo de lamas activadas**: Oxidação microbiana da matéria orgânica das águas residuais em condições aeróbias, seguida de decantação e remoção das lamas.

  o **Zonas húmidas construídas**: Sistemas naturais ou artificiais que utilizam plantas e microorganismos para tratar as águas residuais através de filtração, adsorção e degradação biológica.

  o **Biofiltros e bioreactores**: Sistemas de tratamento que utilizam comunidades microbianas para degradar poluentes orgânicos e remover nutrientes (azoto, fósforo) das águas residuais.

5. **Células de combustível microbianas (MFCs)**:

  o **Produção de eletricidade**: Utilização do metabolismo microbiano para converter a matéria orgânica das águas residuais em energia eléctrica através de reacções redox.

  o **Tecnologia sustentável**: Os MFCs oferecem uma abordagem sustentável ao tratamento de águas residuais, ao mesmo tempo que geram energia renovável.

6. **Biossensores e monitorização ambiental**:

   o **Deteção de poluentes**: Utilização de microrganismos ou biomoléculas geneticamente modificados para detetar e quantificar os poluentes (metais pesados, compostos orgânicos) nas águas residuais.

   o **Monitorização em tempo real**: Os biossensores fornecem dados em tempo real sobre a qualidade da água, facilitando a deteção precoce da contaminação e a resposta atempada.

Benefícios das abordagens biotecnológicas

. **Sustentabilidade ambiental**: Reduzir a poluição, conservar os recursos hídricos e promover práticas sustentáveis.

- **Custo-eficácia**: Os tratamentos biotecnológicos oferecem frequentemente custos operacionais mais baixos do que os métodos convencionais.

- **Versatilidade**: Aplicável a diferentes tipos de resíduos e águas residuais, adaptável a diferentes escalas, desde pequenas comunidades a instalações industriais.

Desafios e considerações

- **Otimização do processo**: Equilíbrio das comunidades microbianas, requisitos de nutrientes e condições ambientais para otimizar a eficiência do tratamento.

- **Controlo de agentes patogénicos**: Garantir a segurança microbiana e a remoção de agentes patogénicos para cumprir as normas de saúde pública.

- **Conformidade regulamentar**: Cumprimento dos requisitos regulamentares para a descarga de águas residuais e gestão de resíduos.

8.3. Biosensores

Os biossensores são dispositivos analíticos que utilizam componentes biológicos (como enzimas, anticorpos ou microorganismos) para detetar a presença de substâncias específicas (analitos) em várias amostras. São ferramentas valiosas na monitorização ambiental, diagnóstico de cuidados de saúde, segurança alimentar e controlo de bioprocessos. Eis uma visão geral dos biossensores, dos seus componentes, aplicações e importância:

Componentes dos biossensores

1. **Elemento de reconhecimento biológico**:

   o **Enzimas, Anticorpos, Ácidos Nucleicos**: Estas biomoléculas interagem seletivamente com o analito alvo, iniciando uma reação bioquímica ou produzindo um sinal mensurável.

2. **Transdutor**:

   o **Converte o sinal biológico numa saída quantificável**: Os transdutores podem ser electroquímicos (amperométricos, potenciométricos), ópticos (fluorescência, luminescência), piezoeléctricos ou térmicos, dependendo do tipo de sinal detectado.

3. **Sistema de processamento de sinais**:

   o **Interpretação de dados**: Converte o sinal transduzido numa saída legível (por exemplo, ecrã digital, representação gráfica), fornecendo informações qualitativas ou quantitativas sobre a concentração do analito.

Tipos de biossensores

1. **Baseado em elemento biológico**:

   o **Biossensores enzimáticos**: Utilizam enzimas como elemento de reconhecimento biológico para catalisar reacções com o analito alvo.

   o **Biossensores de imunoensaio**: Utilizam anticorpos ou antigénios para detetar proteínas ou antigénios específicos em amostras complexas.

   o **Biossensores de ADN**: Utilizam cadeias de ADN ou ácidos nucleicos para detetar sequências complementares ou material genético específico.

2. **Baseado no método de transdução**:

   o **Biossensores electroquímicos**: Medem as alterações das propriedades eléctricas (corrente, potencial) resultantes de reacções bioquímicas nas superfícies dos eléctrodos.

   o **Biossensores ópticos**: Detectam alterações na intensidade da luz, comprimento de onda ou fluorescência emitida durante interacções biológicas.

   o **Biossensores Piezoeléctricos**: Medem as alterações de massa ou densidade que alteram a frequência das ondas acústicas geradas por um cristal piezoelétrico.

Aplicações dos biossensores

1. **Monitorização ambiental**:

   o **Qualidade da água**: Deteção de poluentes (metais pesados, pesticidas) e agentes patogénicos em massas de água naturais, água potável e águas residuais.

   o **Qualidade do ar**: Monitorização de poluentes atmosféricos (compostos orgânicos voláteis, gases) em ambientes industriais e urbanos.

2. **Cuidados de saúde e diagnósticos**:

   o **Diagnóstico clínico**: Deteção rápida de biomarcadores (glicose, colesterol) e agentes infecciosos (bactérias, vírus) para o diagnóstico de doenças.

   o **Testes no local de prestação de cuidados**: Biossensores portáteis para testes no local em ambientes remotos ou com recursos limitados.

3. **Segurança alimentar e controlo de qualidade**:

   o **Deteção de contaminantes**: Rastreio de alergénios, toxinas e contaminantes microbianos (bactérias, fungos) em produtos alimentares e ambientes de processamento.

   o **Garantia de qualidade**: Controlo da frescura, da deterioração e do teor de nutrientes dos produtos alimentares e agrícolas.

4. **Monitorização e controlo de bioprocessos**:

   o **Produção Biofarmacêutica**: Monitorização em tempo real

da viabilidade celular, rendimento do produto e contaminantes em bioreactores.

o **Biotecnologia industrial**: Otimização dos processos de fermentação e deteção de metabolitos na produção de biocombustíveis e no fabrico de enzimas.

Importância dos biossensores

- **Rápida e sensível**: Permitem a rápida deteção e quantificação de analitos com elevada especificidade e sensibilidade.

- **Económica**: Reduzir o tempo, o trabalho e o consumo de reagentes em comparação com os métodos analíticos tradicionais.

- **Portátil e de fácil utilização**: Adequado para aplicações no terreno e testes no local de prestação de cuidados, facilitando a realização de testes descentralizados e a tomada de decisões imediatas.

Desafios e considerações

- **Seletividade**: Assegurar que os biossensores detectam com precisão os analitos alvo no meio de matrizes de amostras complexas.

- **Estabilidade e prazo de validade**: Manutenção da atividade dos componentes biológicos e do desempenho dos sensores ao longo do tempo e sob várias condições ambientais.

- **Normalização e validação**: Estabelecimento de protocolos para calibração, reprodutibilidade e conformidade regulamentar em diferentes aplicações.

Os biossensores continuam a evoluir como ferramentas versáteis em várias indústrias, oferecendo soluções inovadoras para monitorização em tempo real, diagnóstico e garantia de qualidade. A investigação em curso e os avanços tecnológicos visam melhorar o seu desempenho, expandir as suas aplicações e enfrentar os desafios globais nos cuidados de saúde, na sustentabilidade ambiental e na segurança alimentar.

8.4. Biotecnologia no sector da energia

A biotecnologia desempenha um papel significativo no sector da energia, contribuindo para o desenvolvimento de fontes de energia renováveis, melhorando a eficiência energética e abordando as preocupações ambientais associadas à produção tradicional de energia. Eis uma panorâmica da forma como a biotecnologia é aplicada no sector da energia:

Aplicações da biotecnologia no sector da energia

1. **Produção de biocombustíveis**

   o **Bioetanol**: Produzido a partir de açúcares fermentáveis derivados de biomassa, como a cana-de-açúcar, o milho e materiais celulósicos (por exemplo, resíduos agrícolas, aparas de madeira).

   Hidrólise enzimática: As enzimas decompõem a celulose e a hemicelulose em açúcares fermentáveis.

   ■ **Fermentação**: Os microrganismos (por exemplo, a levedura) convertem os açúcares em etanol.

   o **Biodiesel**: Produzido a partir de óleos extraídos de plantas (por exemplo, soja, palma) ou microalgas.

- **Transesterificação**: Processo químico em que os óleos são reagidos com álcool para produzir biodiesel e glicerol.

o **Biogás**: Produzido a partir da digestão anaeróbica de materiais orgânicos, tais como resíduos agrícolas, lamas de depuração e resíduos alimentares.

- **Produção de metano**: As bactérias metanogénicas decompõem a matéria orgânica para produzir biogás (metano e CO_2).

2. **Células de combustível microbianas (MFCs)**

o Dispositivos que utilizam bactérias para converter matéria orgânica diretamente em energia eléctrica através do metabolismo microbiano.

o As aplicações incluem estações de tratamento de águas residuais e produção de energia à distância.

3. **Bioremediação e captura de carbono**

o **Bioremediação**: Utilização de microorganismos para limpar poluentes ambientais, incluindo hidrocarbonetos e metais pesados, do solo e da água.

o **Sequestro de carbono**: Utilização de plantas e microorganismos para capturar e armazenar CO_2 atmosférico, contribuindo para os esforços de mitigação das alterações climáticas.

4. **Engenharia genética para culturas energéticas**

   o Modificação de plantas para aumentar a sua produção de biomassa, tolerância ao stress e adequação à produção de biocombustíveis.

   o Os exemplos incluem algas geneticamente modificadas para a produção de biocombustíveis e culturas energéticas de elevado rendimento como a switchgrass.

5. **Tecnologia enzimática**

   o As enzimas desempenham um papel crucial na produção de biocombustíveis, decompondo a biomassa complexa em açúcares fermentáveis.

   o Os avanços contínuos na descoberta e engenharia de enzimas aumentam a eficiência e a relação custo-eficácia dos processos de biocombustíveis.

Benefícios da biotecnologia no sector da energia

. **Fontes de energia renováveis**: Os biocombustíveis e o biogás constituem alternativas aos combustíveis fósseis, reduzindo a dependência de recursos finitos.

. **Sustentabilidade ambiental**: Os processos biotecnológicos têm frequentemente menos emissões de gases com efeito de estufa e menor impacto ambiental em comparação com as fontes de energia tradicionais.

- **Utilização de resíduos**: Converte os resíduos orgânicos em produtos energéticos valiosos, promovendo a redução e a reciclagem de resíduos.

. **Segurança energética**: Diversifica as fontes de energia e reduz a dependência de combustíveis fósseis importados.

Desafios e direcções futuras

. **Viabilidade económica**: Assegurar a competitividade dos custos dos biocombustíveis e dos processos biotecnológicos em relação às fontes de energia convencionais.

. **Inovação tecnológica**: Investigação contínua em engenharia genética, engenharia metabólica e otimização de bioprocessos para melhorar os rendimentos e a eficiência.

. **Regulamentação e aceitação social**: Abordagem das preocupações relacionadas com a utilização dos solos, a segurança alimentar e a sustentabilidade na produção de biocombustíveis.

A biotecnologia continua a evoluir como uma componente essencial da transição do sector energético para soluções energéticas sustentáveis e renováveis. Os avanços na investigação biotecnológica e nas aplicações industriais são promissores para enfrentar os desafios energéticos globais, reduzindo simultaneamente os impactos ambientais.

8.5. Produção de biocombustíveis

A produção de biocombustíveis envolve a conversão de biomassa em combustíveis líquidos que podem servir como alternativas aos combustíveis fósseis convencionais, como a gasolina e o gasóleo. Este processo utiliza processos e tecnologias biológicas para extrair, refinar e utilizar fontes de energia renováveis. Aqui está uma visão geral da produção de biocombustíveis, incluindo os principais tipos de biocombustíveis e os seus métodos de produção:

Tipos de biocombustíveis

1. **Bioetanol**

   o **Origem**: Produzido a partir de açúcares fermentáveis derivados de biomassa, como cana-de-açúcar, milho, trigo e materiais celulósicos (por exemplo, resíduos agrícolas, madeira).

   o **Métodos de produção**:

   - **Bioetanol de primeira geração**: Fermentação de açúcares extraídos de amido ou de culturas ricas em açúcar.

   - **Bioetanol de segunda geração**: Hidrólise enzimática da biomassa lignocelulósica para libertar açúcares fermentáveis, seguida de fermentação.

   o **Aplicações**: Utilizado como mistura na gasolina (por exemplo, E10, E85) ou como combustível autónomo em veículos flex-fuel.

2. **Biodiesel**

   o **Origem**: Produzido a partir de óleos derivados de plantas (por exemplo, soja, palma, colza) ou microalgas.

   o **Métodos de produção**:

   Transesterificação: Reação de óleos vegetais ou gorduras animais com álcool (por exemplo, metanol ou etanol) para produzir biodiesel e glicerol.

- o **Aplicações**: Utilizado como uma alternativa renovável ao gasóleo, frequentemente misturado com gasóleo convencional (por exemplo, B20).

3. **Biogás**

- o **Fonte**: Produzido a partir da digestão anaeróbica de materiais orgânicos, tais como resíduos agrícolas, lamas de depuração, resíduos alimentares e culturas energéticas específicas.

- o **Composição**: Principalmente metano (CH_4) e dióxido de carbono (CO_2), com pequenas quantidades de outros gases.

- o **Aplicações**: Utilizado para a produção de eletricidade, aquecimento e como combustível para veículos (gás natural comprimido, GNC).

Processos de produção

1. **Produção de bioetanol**

- o **Preparação da matéria-prima**: A biomassa (por exemplo, grãos de milho, bagaço de cana-de-açúcar) é pré-tratada para libertar açúcares para fermentação.

- o **Hidrólise enzimática**: A celulose e a hemicelulose da biomassa lignocelulósica são decompostas em açúcares fermentáveis por meio de enzimas.

- o **Fermentação**: A levedura (por exemplo, Saccharomyces cerevisiae) converte os açúcares em etanol e dióxido de carbono.

o **Destilação e desidratação**: O etanol é separado do caldo de fermentação e purificado por destilação.

2. **Produção de biodiesel**

   o **Preparação da matéria-prima**: Os óleos vegetais ou as gorduras animais são refinados para remover as impurezas.

   o **Transesterificação**: Os óleos/gorduras reagem com álcool (por exemplo, metanol ou etanol) na presença de um catalisador (por exemplo, hidróxido de sódio) para produzir biodiesel e glicerol.

   o **Separação e purificação**: O biodiesel é separado do subproduto glicerol e purificado.

3. **Produção de biogás**

   o **Digestão Anaeróbia**: Os materiais orgânicos são digeridos por consórcios microbianos em condições anaeróbias, produzindo biogás.

   o **Melhoramento do gás**: O biogás é purificado para remover o CO_2 e outras impurezas para produzir biometano, que é quimicamente idêntico ao gás natural.

   o **Utilização**: O biometano pode ser injetado em condutas de gás natural, utilizado como combustível para veículos (GNC) ou convertido em eletricidade e calor.

Vantagens dos biocombustíveis

. **Renovável e sustentável**: Derivado de recursos de biomassa que podem ser reabastecidos ao longo do tempo.

- **Reduz as emissões de gases com efeito de estufa**: Os biocombustíveis têm geralmente menos emissões de carbono durante o seu ciclo de vida do que os combustíveis fósseis.

. **Promove a segurança energética**: Diversifica as fontes de energia e reduz a dependência de combustíveis fósseis importados.

Desafios e considerações

- **Disponibilidade e concorrência das matérias-primas**: Equilibrar a produção de biocombustíveis com as necessidades de alimentos para consumo humano e animal e assegurar o fornecimento sustentável de matérias-primas.

. **Eficiência tecnológica**: Otimização dos processos para melhorar os rendimentos e reduzir os custos de produção.

- **Quadros políticos e regulamentares**: Abordagem da utilização dos solos, dos impactos ambientais e dos critérios de sustentabilidade para a produção de biocombustíveis.

A produção de biocombustíveis continua a evoluir com os avanços da investigação biotecnológica, da engenharia genética e da otimização de processos. Estes desenvolvimentos são cruciais para expandir o papel dos biocombustíveis na satisfação da procura global de energia, ao mesmo tempo que atenuam os impactos ambientais associados ao consumo de combustíveis fósseis.

8.6. Biodiesel

O biodiesel é uma alternativa renovável ao gasóleo convencional derivado de fontes de biomassa, principalmente óleos vegetais, gorduras animais ou óleos alimentares reciclados. É produzido através de um processo chamado transesterificação, em que estas matérias-primas sofrem uma reação química com álcool (normalmente metanol ou etanol) na presença de um catalisador (como hidróxido de sódio ou hidróxido de potássio). Aqui está uma visão geral do biodiesel, seu processo de produção, vantagens, desafios e aplicações:

Processo de produção de biodiesel

1. **Seleção de matérias-primas**:

   o **Óleos vegetais**: Soja, colza (canola), palma, girassol e outros.

   o **Gorduras animais**: sebo, banha de porco e outras gorduras fundidas.

   o **Óleo de cozinha reciclado**: Óleos usados de restaurantes e indústrias de processamento de alimentos.

2. **Reação de transesterificação**:

   o **Processo químico**: Os óleos ou gorduras vegetais reagem com álcool (metanol ou etanol) na presença de um catalisador (geralmente hidróxido de sódio ou hidróxido de potássio).

   o **Formação de biodiesel**: Os triglicéridos dos óleos/gorduras são convertidos em ésteres metílicos de ácidos gordos (FAME) ou ésteres etílicos de ácidos gordos (FAEE), que são moléculas de biodiesel, juntamente com o glicerol como subproduto.

3. **Separação e Purificação**:

   o **Separação de fases**: O biodiesel e o glicerol separam-se naturalmente devido às suas diferentes densidades.

   o **Lavagem**: O biodiesel é lavado com água para remover as impurezas e o catalisador residual.

4. **Controlo de qualidade**:

   o **Testes**: Assegurar o cumprimento das normas relativas aos combustíveis no que respeita a propriedades como a viscosidade, o índice de cetano (qualidade da ignição), a estabilidade à oxidação e o teor de enxofre.

Vantagens do Biodiesel

. **Renovável e sustentável**: Derivado de fontes renováveis de biomassa, reduzindo a dependência de combustíveis fósseis finitos.

. **Menores emissões de gases com efeito de estufa**: Produz níveis mais baixos de dióxido de carbono e outros poluentes em comparação com o gasóleo convencional.

* **Biodegradável**: Os derrames e as fugas são menos nocivos para o ambiente.

. **Produção interna**: Aumenta a segurança energética ao reduzir a dependência de combustíveis importados.

Desafios e considerações

* **Disponibilidade de matérias-primas**: Concorrência com a produção de alimentos e preocupações com o uso da terra para o

cultivo de matérias-primas (por exemplo, o impacto ambiental da produção de óleo de palma).

- **Competitividade de custos**: Os custos de produção podem ser superiores aos do gasóleo convencional, influenciados pelos preços das matérias-primas e pelas economias de escala.

. **Desempenho em tempo frio**: O biodiesel pode gelificar a temperaturas mais baixas, afectando o fluxo de combustível e o desempenho do motor.

- **Normas de combustível e compatibilidade**: Assegurar a compatibilidade com os motores diesel e as infra-estruturas existentes.

Aplicações do Biodiesel

- **Transporte**: Utilizado como combustível para motores diesel em automóveis, camiões, autocarros e comboios.

. **Máquinas agrícolas**: Alimentação de equipamentos e máquinas agrícolas.

. **Marinha e aviação**: As misturas de biodiesel podem ser utilizadas em embarcações marítimas e em determinadas aeronaves.

- **Aquecimento**: O biodiesel pode ser utilizado em sistemas de aquecimento, substituindo o óleo de aquecimento.

Direcções futuras

. **Matérias-primas avançadas**: Investigação sobre matérias-primas não alimentares, como as algas, os óleos usados e a biomassa lignocelulósica.

. **Inovações tecnológicas**: Melhoria dos processos de transesterificação, dos catalisadores enzimáticos e das misturas de biodiesel.

. **Apoio político**: Incentivos e regulamentos que apoiam a produção e utilização de biodiesel, promovendo a sustentabilidade e os benefícios ambientais.

Em conclusão, o biodiesel constitui uma alternativa promissora ao gasóleo fóssil, respondendo às preocupações ambientais e contribuindo para soluções energéticas sustentáveis. A investigação e o desenvolvimento contínuos são essenciais para ultrapassar os desafios e alargar o papel do biodiesel nos mercados energéticos mundiais.

9. QUESTÕES DE BIOSSEGURANÇA

As questões de biossegurança englobam uma série de preocupações relacionadas com o manuseamento, contenção e gestão seguros de agentes e materiais biológicos em vários contextos, incluindo laboratórios, instalações de cuidados de saúde, campos agrícolas e ambientes industriais. Seguem-se seis questões e considerações fundamentais de biossegurança:

1. **Avaliação e gestão dos riscos**:

   o **Objetivo**: Avaliar os potenciais perigos associados a agentes biológicos, incluindo agentes patogénicos, organismos geneticamente modificados (OGM) e materiais de risco biológico.

   o **Implementação**: Realização de avaliações de risco completas para determinar os níveis de contenção adequados, medidas de proteção e protocolos de resposta a emergências.

2. **Biossegurança laboratorial**:

   o **Níveis de contenção**: Designar níveis de biossegurança (BSL) com base na patogenicidade dos organismos e na natureza do trabalho realizado (por exemplo, BSL-1 a BSL-4).

   o **Práticas de segurança**: Implementação de procedimentos rigorosos de manuseamento, armazenamento e eliminação de materiais biológicos para evitar exposições acidentais e infecções adquiridas em laboratório.

3. **Biossegurança**:

   o **Impedir o acesso não autorizado**: Implementação de medidas físicas e processuais para restringir o acesso a materiais e instalações biológicos sensíveis.

   o **Investigação de dupla utilização**: Abordagem das implicações éticas e de segurança da investigação suscetível de ser utilizada indevidamente para fins prejudiciais.

4. **Transporte e expedição de materiais biológicos**:

   o **Conformidade regulamentar**: Cumprir os regulamentos internacionais, nacionais e locais que regem o transporte seguro de amostras biológicas, incluindo requisitos de embalagem, rotulagem e documentação.

   o **Mitigação de riscos**: Assegurar o confinamento adequado e o planeamento da resposta de emergência em caso de derrames ou exposições acidentais durante o transporte.

5. **Saúde e segurança no trabalho**:

   o **Proteção dos trabalhadores**: Fornecer formação, equipamento de proteção individual (EPI) e programas de vacinação para o pessoal que trabalha com agentes biológicos.

   o **Vigilância da saúde**: Monitorização da saúde dos trabalhadores para deteção precoce de exposições profissionais e implementação de programas de vigilância médica conforme necessário.

6. **Saúde pública e proteção do ambiente**:

   o **Prevenir a contaminação ambiental**: Implementação de medidas para evitar a libertação de materiais de risco biológico no ambiente através de procedimentos eficazes de gestão de resíduos e descontaminação.

   o **Sensibilização da comunidade**: Educar o público sobre os riscos de biossegurança associados à investigação biológica, à agricultura e às práticas de cuidados de saúde.

Desafios emergentes em matéria de biossegurança

. **Doenças Infecciosas Emergentes**: Resposta rápida e estratégias de contenção para agentes patogénicos novos e reemergentes (por exemplo, vírus Ébola, vírus Zika).

- **Biotecnologia e engenharia genética**: Considerações éticas e de segurança em torno da utilização de OGM, tecnologias de edição de genes (por exemplo, CRISPR) e biologia sintética.

. **Preparação para pandemias**: Reforço dos sistemas de vigilância global e das medidas de biossegurança para atenuar a propagação de doenças infecciosas e as ameaças de bioterrorismo.

9.1. Preocupações gerais sobre as aplicações biotecnológicas

As preocupações gerais sobre as aplicações biotecnológicas giram frequentemente em torno das implicações éticas, ambientais, sanitárias e socioeconómicas associadas à utilização de sistemas e organismos biológicos em vários domínios. Eis algumas preocupações gerais:

1. **Considerações éticas**:

   o **Engenharia genética**: Controvérsias sobre a manipulação de material genético em organismos, incluindo preocupações éticas sobre a alteração de códigos genéticos naturais e a criação de organismos geneticamente modificados (OGM).

   o **Bioética**: Dilemas éticos relacionados com a clonagem, a investigação de células estaminais e a utilização de avanços biotecnológicos na medicina e na agricultura.

2. **Impacto ambiental**:

   o **Biodiversidade**: Riscos potenciais para os ecossistemas naturais através da introdução de organismos geneticamente modificados (OGM) e da alteração das interacções entre espécies.

   o **Resistência aos pesticidas**: Preocupações com o desenvolvimento de resistência em pragas e ervas daninhas devido à utilização generalizada de culturas geneticamente modificadas e tratamentos químicos.

   o **Equilíbrio ecológico**: Perturbação dos habitats naturais e consequências indesejadas para os organismos não visados das intervenções biotecnológicas na agricultura e na conservação.

3. **Saúde e segurança**:

   o **Segurança alimentar**: Preocupações sobre a alergenicidade, a toxicidade e os efeitos a longo prazo para a saúde do consumo de alimentos geneticamente modificados (OGM).

- o **Saúde humana**: Riscos associados às tecnologias de edição de genes, tais como efeitos fora do alvo e mutações não intencionais em células humanas.

4. **Questões socioeconómicas**:

- o **Acesso e equidade**: Disparidades no acesso a inovações biotecnológicas, tais como sementes geneticamente modificadas e tratamentos médicos avançados, particularmente nos países em desenvolvimento.

- o **Propriedade intelectual**: Questões relacionadas com o patenteamento de materiais genéticos, sementes e invenções biotecnológicas, que influenciam o controlo do mercado e a acessibilidade dos preços.

5. **Desafios regulamentares e de governação**:

- o **Estruturas regulatórias**: Adequação dos regulamentos para supervisionar o desenvolvimento seguro, a implantação e a comercialização de produtos e processos biotecnológicos.

- o **Avaliação dos riscos**: Dificuldade em prever e atenuar os riscos potenciais associados às novas biotecnologias antes da sua adoção generalizada.

Abordar as preocupações e atenuar os riscos

- **Transparência e envolvimento do público**: Promover um discurso público informado e a participação das partes interessadas nos avanços biotecnológicos e suas implicações.

. **Avaliação e gestão de riscos**: Realização de investigação científica rigorosa e de avaliações de risco para avaliar os potenciais impactos ambientais, sanitários e socioeconómicos.

* **Directrizes éticas**: Estabelecimento de directrizes e quadros éticos para uma conduta responsável na investigação e aplicações biotecnológicas.

* **Supervisão regulamentar**: Reforço dos quadros regulamentares para garantir a segurança, a eficácia e as normas éticas nas práticas e produtos biotecnológicos.

. **Colaboração internacional**: Incentivar a cooperação global e a harmonização da regulamentação para resolver questões transfronteiriças e garantir normas de segurança coerentes.

A produção e a comercialização de produtos de biotecnologia ambiental envolvem o desenvolvimento, o fabrico e a comercialização de soluções que utilizam processos biológicos para enfrentar desafios ambientais. Estes produtos aproveitam as capacidades dos microrganismos, enzimas e sistemas biológicos para remediar a poluição, gerir os resíduos, melhorar a recuperação de recursos e promover a sustentabilidade. Aqui está uma visão geral do processo de produção e comercialização de produtos de biotecnologia ambiental:

9.2. Produção de produtos biotecnológicos ambientais

1. **Investigação e desenvolvimento (I&D)**

   o **Identificação das necessidades**: A investigação identifica problemas ou desafios ambientais que podem ser tratados através de soluções biotecnológicas.

o **Desenvolvimento tecnológico**: Os cientistas e engenheiros desenvolvem e optimizam processos biológicos, enzimas ou estirpes microbianas para aplicações específicas (por exemplo, bioremediação, tratamento de águas residuais).

o **Ensaios à escala piloto**: Os ensaios em pequena escala avaliam a viabilidade, a eficácia e a escalabilidade dos processos biotecnológicos em condições controladas.

2. **Aumento de escala e fabrico**

o **Aumento de escala do processo**: Transição da escala laboratorial para a produção à escala industrial, mantendo a eficiência do processo e a qualidade do produto.

o **Conceção de bioreactores**: Conceção e otimização de bioreactores ou outros sistemas de produção adequados para o cultivo em larga escala de microrganismos ou processos enzimáticos.

o **Controlo de qualidade**: Aplicação de medidas rigorosas de controlo da qualidade para garantir a coerência e a fiabilidade dos produtos biotecnológicos.

3. **Estratégias de comercialização**

o **Análise de mercado**: Avaliar a procura do mercado, a concorrência e os requisitos regulamentares para produtos de biotecnologia ambiental.

o **Planeamento comercial**: Desenvolvimento de estratégias para posicionamento de produtos, preços, distribuição e entrada no mercado.

o **Parcerias e colaborações**: Formar alianças com parceiros da indústria, instituições de investigação e agências reguladoras para apoiar o desenvolvimento de produtos e o acesso ao mercado.

Exemplos de produtos da biotecnologia ambiental

. **Produtos de bioremediação**: Consórcios microbianos ou enzimas concebidos para degradar contaminantes no solo, na água ou no ar.

• **Soluções para o tratamento de águas residuais**: Formulações microbianas ou enzimas para uma degradação eficiente da matéria orgânica e remoção de nutrientes.

. **Biofertilizantes e bioestimulantes**: Inoculantes microbianos que aumentam a disponibilidade de nutrientes, a saúde do solo e o crescimento das plantas.

• **Sistemas de produção de biogás**: Tecnologias de digestão anaeróbia e aditivos microbianos para otimizar o rendimento e a qualidade do biogás.

. **Sensores ambientais e dispositivos de monitorização**: Biossensores e ferramentas moleculares para a deteção e quantificação em tempo real de poluentes ambientais.

Desafios e oportunidades do mercado

• **Conformidade regulamentar**: Cumprir os regulamentos e normas ambientais para a segurança, eficácia e impacto ambiental do produto.

- **Competitividade de custos**: Conseguir uma produção e preços rentáveis para competir com as tecnologias convencionais.

. **Perceção e aceitação pelo público**: Educar as partes interessadas sobre os benefícios e a segurança das soluções biotecnológicas em aplicações ambientais.

. **Tecnologias emergentes**: Oportunidades de inovação em engenharia genética, biologia sintética e otimização de bioprocessos para expandir as capacidades dos produtos e o alcance do mercado.

Direcções futuras

- **Objectivos de Desenvolvimento Sustentável**: Alinhar as inovações em biotecnologia ambiental com os objectivos globais de sustentabilidade, como a ação climática e a água potável e o saneamento.

- **Iniciativas de economia circular**: Integração de processos biotecnológicos em modelos de economia circular para minimizar os resíduos e a utilização de recursos.

- **Colaboração intersectorial**: Colaboração com outros sectores (por exemplo, agricultura, energia) para desenvolver soluções integradas para os desafios ambientais.

A produção e a comercialização de produtos biotecnológicos ambientais continuam a evoluir com os avanços da investigação biotecnológica, da engenharia de processos e da dinâmica do mercado. Estas inovações são promissoras para abordar questões ambientais complexas, promovendo simultaneamente o crescimento económico e o desenvolvimento sustentável.

9.3. Avaliação e gestão dos riscos dos produtos biotecnológicos

A avaliação e a gestão dos riscos dos produtos biotecnológicos são processos críticos que avaliam os potenciais perigos associados ao seu desenvolvimento, produção e utilização. Isto garante a segurança, a conformidade com os regulamentos e a proteção da saúde humana e do ambiente. Aqui está uma visão geral de como a avaliação e o gerenciamento de riscos são aplicados aos produtos biotecnológicos:

Avaliação dos riscos dos produtos biotecnológicos

1. **Identificação de perigos**

   o **Riscos biológicos**: Riscos potenciais associados à utilização de organismos geneticamente modificados (OGM), microrganismos patogénicos ou alergénios.

   o **Riscos químicos**: Presença de metabolitos tóxicos, resíduos ou contaminantes em produtos biotecnológicos.

   o **Riscos físicos**: Riscos relacionados com a forma física ou a estrutura do produto, tais como aerossóis ou partículas.

2. **Avaliação da exposição**

   o **Via de exposição**: Avaliação da forma como os indivíduos ou o ambiente podem entrar em contacto com o produto biotecnológico (por exemplo, ingestão, inalação, contacto dérmico).

   o **Cenários de exposição**: Considerar diferentes cenários (por exemplo, exposição profissional, libertação ambiental) para estimar os níveis de exposição potenciais.

3. **Caracterização do perigo**

   o **Estudos toxicológicos**: Avaliação da toxicidade do produto ou dos seus componentes através de testes laboratoriais (por exemplo, toxicidade aguda, genotoxicidade).

   o **Estudos ecotoxicológicos**: Avaliação do impacto do produto em organismos e ecossistemas não visados.

4. **Caracterização dos riscos**

   o **Quantificação dos riscos**: Integração de avaliações de perigo e exposição para quantificar os riscos potenciais para a saúde humana e o ambiente.

   o **Opções de gestão de riscos**: Identificação e avaliação de estratégias de gestão de riscos para mitigar os riscos identificados.

Gestão dos riscos dos produtos biotecnológicos

1. **Estratégias de mitigação de riscos**

   o **Controlos de engenharia**: Implementação de barreiras físicas ou sistemas de contenção para evitar a exposição a produtos biotecnológicos perigosos.

   o **Controlos administrativos**: Estabelecimento de procedimentos, protocolos e programas de formação para minimizar os riscos durante o manuseamento, utilização e eliminação.

   o **Equipamento de Proteção Individual (EPI)**: Fornecimento de EPI adequado para reduzir o risco de exposição do pessoal.

2. **Conformidade regulamentar**

   o **Regulamentação ambiental**: Assegurar a conformidade com os regulamentos locais, nacionais e internacionais que regem a utilização e a libertação de produtos biotecnológicos.

   o **Normas de saúde e segurança**: Cumprir as normas e directrizes para a segurança dos produtos, rotulagem e resposta a emergências.

3. **Controlo e vigilância**

   o **Vigilância pós-comercialização**: Monitorização do desempenho e da segurança dos produtos biotecnológicos após a sua comercialização.

   o **Monitorização ambiental**: Avaliação do impacto dos produtos biotecnológicos nos ecossistemas e na biodiversidade.

4. **Comunicação e envolvimento das partes interessadas**

   o **Comunicação de riscos**: Comunicação transparente dos potenciais riscos, medidas de mitigação e incertezas às partes interessadas, incluindo o público, as agências reguladoras e as comunidades afectadas.

   o **Consulta e feedback**: Envolver as partes interessadas no processo de avaliação e gestão dos riscos para responder às preocupações e assegurar uma tomada de decisões informada.

Desafios e considerações

- **Complexidade dos sistemas biotecnológicos**: Avaliação dos riscos associados a novos processos e produtos biotecnológicos que possam envolver modificações genéticas ou biologia sintética.

- **Incertezas e lacunas de dados**: Abordar as lacunas do conhecimento científico e da disponibilidade de dados para uma avaliação exaustiva dos riscos.

- **Efeitos a longo prazo**: Avaliação dos potenciais impactos a longo prazo dos produtos biotecnológicos na saúde e no ambiente durante o seu ciclo de vida.

- **Harmonização global**: Alcançar consistência e alinhamento nas práticas de avaliação e gestão de riscos em diferentes jurisdições e quadros regulamentares.

Direcções futuras

- **Avanços na ciência do risco**: Integração de tecnologias emergentes (por exemplo, tecnologias ómicas, modelização computacional) na avaliação dos riscos para melhorar as capacidades de previsão.

- **Sustentabilidade e Considerações Éticas**: Incorporação de princípios de sustentabilidade e considerações éticas na avaliação de riscos e nos quadros de gestão.

- **Gestão adaptativa**: Adoção de abordagens flexíveis e adaptativas para responder a novas informações e à evolução dos riscos associados aos produtos biotecnológicos.

A avaliação e a gestão eficazes dos riscos são essenciais para garantir o desenvolvimento e a implantação seguros e responsáveis dos produtos biotecnológicos, promovendo a inovação e salvaguardando simultaneamente a saúde humana, a biodiversidade e o ambiente.

9.4. Protocolos de biossegurança

Os protocolos de biossegurança são directrizes e procedimentos críticos concebidos para garantir a manipulação, contenção e eliminação seguras de agentes biológicos em ambientes laboratoriais e de investigação. Estes protocolos têm como objetivo proteger o pessoal do laboratório, o ambiente e o público de potenciais perigos associados a materiais biológicos, incluindo agentes patogénicos, organismos geneticamente modificados (OGM) e substâncias de risco biológico. Eis os principais componentes e considerações dos protocolos de segurança biológica:

Componentes dos protocolos de biossegurança

1. **Avaliação dos riscos:**

   o **Identificação de perigos**: Identificar os agentes biológicos e os materiais utilizados nas experiências e avaliar os seus riscos potenciais para a saúde humana e o ambiente.

   o **Avaliação de riscos**: Avaliar a probabilidade e as consequências da exposição a perigos biológicos com base em factores como a patogenicidade, a virulência e o modo de transmissão.

2. **Conceção de laboratórios e controlos de engenharia**:

   o **Níveis de Biossegurança (BSL)**: Classificação de laboratórios e instalações de investigação em diferentes níveis de biossegurança (por exemplo, BSL-1 a BSL-4) com base no risco associado aos agentes biológicos manuseados.

   o **Equipamento de contenção**: Instalação e manutenção de armários de segurança biológica, exaustores de fumos e outros controlos de engenharia para minimizar a libertação de agentes biológicos no ambiente do laboratório.

3. **Equipamento de proteção individual (EPI)**:

   o **Vestuário adequado**: Exigir que o pessoal do laboratório use EPIs específicos, tais como luvas, batas de laboratório, proteção ocular e máscaras respiratórias, dependendo do nível de risco e do tipo de material biológico que está a ser manuseado.

   o **Formação**: Fornecer formação sobre a utilização, manutenção e eliminação correctas do EPI para garantir uma proteção eficaz contra os riscos biológicos.

4. **Procedimentos Operacionais Normalizados (SOPs)**:

   o **Protocolos de manuseamento**: Estabelecimento de procedimentos pormenorizados para o manuseamento, armazenamento e transporte seguros de agentes biológicos no laboratório.

o **Descontaminação**: Descrição de protocolos para a descontaminação de equipamento, superfícies e resíduos contaminados com materiais biológicos, utilizando desinfectantes e métodos adequados.

5. **Resposta de emergência e planeamento de contingência**:

   o **Resposta a derrames**: Desenvolvimento de protocolos para a contenção e limpeza imediata de derrames biológicos ou libertações acidentais no laboratório.

   o **Contactos de emergência**: Manter actualizadas as informações de contacto do pessoal de resposta a emergências e das autoridades sanitárias locais em caso de incidentes que envolvam riscos biológicos.

6. **Gestão de resíduos**:

   o **Segregação e eliminação**: Implementação de procedimentos para a segregação, embalagem e eliminação seguras de resíduos biológicos, incluindo material cortante, culturas e equipamento contaminado.

   o **Autoclavagem e esterilização**: Assegurar a esterilização correcta dos resíduos biológicos antes da sua eliminação para minimizar o risco de contaminação ambiental.

Aplicação e conformidade

. **Formação e educação**: Fornecer programas regulares de formação e educação em biossegurança ao pessoal do laboratório para promover a consciencialização, a competência e a adesão aos protocolos.

. **Monitorização e auditoria**: Realização de inspecções, auditorias e avaliações regulares para verificar o cumprimento dos protocolos de biossegurança e identificar áreas a melhorar.

. **Documentação**: Manutenção de registos exaustivos de avaliações de risco, SOPs, sessões de formação, incidentes e acções correctivas para apoiar a transparência e a responsabilidade.

Quadros regulamentares e directrizes

. **Normas internacionais**: Cumprir as directrizes e normas internacionais definidas por organizações como a Organização Mundial de Saúde (OMS), os Centros de Controlo e Prevenção de Doenças (CDC) e a Organização Internacional de Normalização (ISO).

. **Regulamentos nacionais**: Seguir os regulamentos nacionais e locais que regem as práticas de biossegurança, a conceção das instalações e o manuseamento de agentes biológicos e OGM específicos.

Através da aplicação rigorosa de protocolos de biossegurança, os laboratórios e as instituições de investigação podem reduzir os riscos, garantir a segurança do pessoal e do ambiente e manter a confiança do público na utilização responsável dos avanços biotecnológicos.

9.5. Questões sociais

As questões sociais relacionadas com a biotecnologia abrangem uma vasta gama de preocupações e considerações decorrentes das suas aplicações em vários sectores, incluindo a agricultura, os cuidados de saúde, a indústria e a gestão ambiental. Estas questões cruzam-se frequentemente com dimensões éticas, legais, económicas e culturais, influenciando a perceção pública, as decisões políticas e a aceitação social. Eis algumas das principais questões sociais associadas à biotecnologia:

1. Preocupações éticas

- **Modificação genética**: Controvérsias em torno da engenharia genética de organismos, incluindo debates éticos sobre a alteração de códigos genéticos naturais e a criação de organismos geneticamente modificados (OGM).

. **Melhoramento humano**: Implicações éticas das biotecnologias destinadas a melhorar as capacidades e características humanas, como as tecnologias de edição de genes e os bebés de design.

. **Bem-estar dos animais**: Preocupações com o tratamento ético dos animais utilizados na investigação biotecnológica, incluindo a modificação genética e a experimentação.

2. Perceção e confiança do público

. **Perceção dos riscos**: Variabilidade na perceção pública dos riscos associados às aplicações biotecnológicas, influenciada pela cobertura mediática, literacia científica e crenças culturais.

. **Confiança na regulamentação**: Confiança na capacidade das agências reguladoras para supervisionar os desenvolvimentos biotecnológicos, garantir a segurança e abordar as questões éticas de forma transparente.

3. Acesso e equidade

. **Disparidades globais**: Questões de equidade relacionadas com o acesso às inovações biotecnológicas, como as culturas geneticamente modificadas, os tratamentos médicos avançados e as terapias genéticas, em especial nos países em desenvolvimento.

- **Propriedade intelectual**: Implicações da patenteação de materiais genéticos, sementes e invenções biotecnológicas no controlo do mercado, na acessibilidade dos preços e no acesso às inovações.

4. Impactos socioeconómicos

- **Agricultores e agricultura**: Implicações económicas para os agricultores que adoptam culturas geneticamente modificadas, incluindo os custos das sementes, o acesso ao mercado e a dependência das empresas biotecnológicas.

- **Emprego**: Potencial deslocação ou criação de emprego nas indústrias biotecnológicas e sectores conexos devido aos avanços tecnológicos e à automatização.

5. Considerações ambientais e de saúde

- **Sustentabilidade ambiental**: Debates sobre o impacto ambiental das práticas biotecnológicas, como o cultivo de OGM, a resistência aos pesticidas e a perda de biodiversidade.

- **Segurança alimentar**: Preocupações públicas sobre a segurança dos alimentos geneticamente modificados (OGM), a alergenicidade, os efeitos a longo prazo na saúde e a supervisão regulamentar.

6. Perspectivas culturais e religiosas

- **Aceitação cultural**: Crenças e valores culturais que influenciam as atitudes em relação às inovações biotecnológicas, à engenharia genética e aos limites éticos.

. **Pontos de vista religiosos**: Perspectivas religiosas sobre questões como a clonagem humana, a investigação sobre células estaminais e a modificação genética, que moldam o discurso público e os debates políticos.

Abordagem de questões sociais

. **Envolvimento do público**: Promover o diálogo público informado, a educação e os processos participativos de tomada de decisões sobre os avanços biotecnológicos e as suas implicações sociais.

- **Directrizes éticas**: Estabelecimento de quadros éticos, códigos de conduta e regulamentos para orientar a investigação, o desenvolvimento e a implantação responsáveis das biotecnologias.

- **Política e regulamentação**: Desenvolvimento de quadros regulamentares sólidos que equilibrem a inovação com a segurança, considerações éticas e preocupações do público.

- **Acesso equitativo**: Abordar as disparidades mundiais no acesso às inovações biotecnológicas através da transferência de tecnologias, do reforço das capacidades e da colaboração internacional.

Ao abordar estas questões sociais através de um diálogo inclusivo, de uma governação ética e de uma tomada de decisões baseada em provas, os avanços biotecnológicos podem contribuir positivamente para os desafios globais nos domínios da agricultura, dos cuidados de saúde, da sustentabilidade ambiental e outros, garantindo simultaneamente resultados responsáveis e equitativos para a sociedade.

9.6. Sensibilização do público para os produtos biotecnológicos

A sensibilização do público para os produtos biotecnológicos é crucial para promover a tomada de decisões informadas, compreender os benefícios e os riscos e moldar as percepções do público e os debates políticos. Apresentamos de seguida os principais aspectos e estratégias para aumentar a sensibilização do público para os produtos biotecnológicos:

Importância da sensibilização do público

1. **Tomada de decisões informada**:

    o **Escolha do consumidor**: Capacitar os consumidores para fazerem escolhas informadas sobre produtos biotecnológicos, tais como alimentos geneticamente modificados (OGM) e produtos biofarmacêuticos.

    o **Decisões em matéria de cuidados de saúde**: Compreender os potenciais benefícios e riscos das inovações biotecnológicas nos cuidados de saúde, incluindo a medicina personalizada e as terapias genéticas.

2. **Criar confiança e segurança**:

    o **Transparência**: Fornecer informações claras e acessíveis sobre o desenvolvimento, a segurança e a supervisão regulamentar dos produtos biotecnológicos para criar confiança entre o público.

o **Literacia científica**: Promover a literacia científica e a compreensão dos conceitos, processos e aplicações biotecnológicos para atenuar a desinformação e as ideias erradas.

3. **Compromisso político**:

o **Participação do público**: Incentivar a participação do público nos debates políticos e nos processos de tomada de decisões regulamentares relacionados com a biotecnologia, assegurando que sejam consideradas diversas perspectivas.

o **Considerações éticas**: Sensibilizar para as considerações éticas e as implicações sociais dos avanços biotecnológicos, como a engenharia genética e o melhoramento humano.

Estratégias para aumentar a sensibilização do público

1. **Programas de educação e divulgação**:

o **Currículo escolar**: Integrar a educação biotecnológica nos currículos escolares para promover a compreensão e o interesse precoces pelos conceitos biotecnológicos.

o **Workshops e seminários Web públicos**: Organização de workshops, webinars e fóruns públicos para discutir as inovações biotecnológicas, as suas aplicações e o seu impacto na sociedade.

2. **Comunicação científica:**

   o **Informação clara e acessível**: Fornecer recursos em linguagem simples, fichas informativas e perguntas frequentes sobre produtos biotecnológicos e os seus benefícios.

   o **Envolvimento dos meios de comunicação social**: Colaboração com os meios de comunicação social para retratar com exatidão os avanços biotecnológicos e as suas implicações para a compreensão do público.

3. **Envolvimento das partes interessadas:**

   o **Envolvimento da comunidade**: Estabelecer parcerias com organizações comunitárias, grupos de defesa e partes interessadas para facilitar o diálogo e abordar as preocupações sobre a biotecnologia.

   o **Profissionais de saúde**: Educar os prestadores de cuidados de saúde sobre

   produtos biotecnológicos e terapias para facilitar discussões informadas com os pacientes.

4. **Campanhas digitais e nas redes sociais:**

   o **Plataformas on-line**: Utilização de plataformas de redes sociais, sítios Web e campanhas digitais para divulgar informações, responder a perguntas frequentes e interagir com o público sobre tópicos de biotecnologia.

   o **Conteúdos interactivos**: Criação de conteúdos interactivos, vídeos e infografias para ilustrar conceitos biotecnológicos, aplicações e a sua relevância para a sociedade.

5. **Colaboração e parcerias**:

   o **Colaboração com a indústria**: Estabelecer parcerias com empresas de biotecnologia, instituições de investigação e universidades para partilhar conhecimentos, resultados de investigação e aplicações reais de produtos biotecnológicos.

   o **Governo e ONGs**: Colaborar com agências governamentais e organizações não governamentais (ONG) para desenvolver recursos educativos, políticas e iniciativas que promovam a consciencialização e o envolvimento do público.

Medir o sucesso

- **Inquéritos e feedback**: Realização de inquéritos e recolha de feedback para avaliar o conhecimento, as atitudes e as percepções do público sobre os produtos biotecnológicos ao longo do tempo.

- **Avaliação do impacto**: Avaliar a eficácia das campanhas de sensibilização e das iniciativas educativas para melhorar a compreensão do público e influenciar o comportamento.

9.7. Questões éticas

As questões éticas em biotecnologia abrangem um vasto leque de preocupações relacionadas com as implicações morais da utilização de conhecimentos e técnicas biológicas em várias aplicações. Estas questões cruzam-se frequentemente com considerações sociais, legais e ambientais. Aqui está uma exploração de algumas das principais questões éticas da biotecnologia:

Questões éticas fundamentais da biotecnologia

1. **Engenharia genética e OGM**

   o **Impacto ambiental**: Potenciais consequências indesejadas da libertação de organismos geneticamente modificados (OGM) nos ecossistemas, incluindo a perturbação da biodiversidade e o fluxo involuntário de genes.

   o **Segurança e rotulagem dos alimentos**: Direitos do consumidor de saber o conteúdo de OGM nos produtos alimentares e o direito de escolher opções sem OGM.

   o **Utilização ética da modificação genética**: Equilibrar os potenciais benefícios (por exemplo, aumento do rendimento das culturas, resistência a doenças) com preocupações éticas sobre a alteração de organismos naturais.

2. **Aplicações biomédicas**

   o **Edição de genes e edição da linha germinal humana**: Considerações éticas em torno da modificação de genes em embriões humanos ou células da linha germinal, incluindo preocupações sobre segurança, consentimento e implicações a longo prazo.

   o **Acesso a terapias genéticas**: Questões éticas relacionadas com o acesso equitativo às terapias genéticas e aos testes genéticos, tendo em conta as disparidades no acesso aos cuidados de saúde e a sua acessibilidade.

3. **Biopirataria e propriedade intelectual**

   o **Propriedade dos recursos genéticos**: Partilha justa e equitativa dos benefícios derivados dos recursos genéticos, especialmente nos países em desenvolvimento.

   o **Patenteamento de genes**: Debates éticos sobre se os genes e as sequências genéticas devem ser patenteáveis, com impacto no acesso a testes de diagnóstico e terapias.

4. **Ética ambiental e ecológica**

   o **Biotecnologia na agricultura**: Considerações éticas relativas às práticas agrícolas sustentáveis, à conservação da biodiversidade e à utilização de intervenções biotecnológicas (por exemplo, pesticidas produzidos por plantas geneticamente modificadas).

   o **Justiça Ecológica**: Assegurar que os desenvolvimentos biotecnológicos não prejudiquem desproporcionadamente os ecossistemas vulneráveis ou as comunidades marginalizadas.

5. **Privacidade e segurança dos dados**

   o **Dados genómicos**: Preocupações éticas sobre a recolha, armazenamento e utilização de informações genéticas, incluindo questões de consentimento, privacidade e o potencial de discriminação genética.

   o **Bioinformática e grandes volumes de dados**: Gerir os desafios éticos relacionados com a propriedade dos dados, a transparência e a utilização responsável de grandes conjuntos de dados na investigação biotecnológica.

Quadros e directrizes éticas

1. Comités de Bioética e Conselhos de Revisão

o **Supervisão ética**: Criação de comissões de análise institucional (IRB) e de comités de bioética para avaliar as implicações éticas da investigação e das aplicações biotecnológicas.

o **Princípios orientadores**: Adesão a directrizes éticas como o respeito pela autonomia, a beneficência, a não maleficência e a justiça nas práticas biotecnológicas.

2. Envolvimento do público e educação

o **Educação ética**: Promover a compreensão pública das questões biotecnológicas e das considerações éticas através da educação e da sensibilização.

o **Consulta das partes interessadas**: Envolver diversas partes interessadas (por exemplo, cientistas, decisores políticos, representantes da comunidade) em processos de tomada de decisões éticas.

Desafios e considerações

• **Harmonização global**: Abordagem das questões éticas da biotecnologia em diversos contextos culturais, legais e regulamentares.

. **Tecnologias emergentes**: Antecipar e abordar as implicações éticas das inovações biotecnológicas em rápida evolução, como a biologia sintética e a edição do genoma.

- **Política e regulamentação**: Desenvolvimento de quadros regulamentares sólidos que equilibrem a inovação com considerações éticas, garantindo a confiança e a segurança do público.

Direcções futuras

. **Avaliações de impacto ético**: Integrar as avaliações de impacto ético nos processos de investigação e desenvolvimento biotecnológicos para abordar proactivamente as preocupações éticas.

. **Liderança ética**: Promover a liderança ética e a inovação responsável na biotecnologia através da colaboração, transparência e responsabilidade.

- **Directrizes éticas e códigos de conduta**: Evolução e atualização contínuas das orientações éticas e dos códigos de conduta, de modo a refletir os progressos dos conhecimentos e das aplicações biotecnológicas.

Bibliografia

1) Alberts B, Johnson A, Lewis J, et al. Molecular Biology of the Cell. 6ª edição. Garland Science; 2014.

2) Smith J, Kelly D, editores. Microbial Biotechnology: Principles and Applications. 2ª edição. Horizon Scientific Press; 2016.

3) Rehm BH, editor. Microbial Production of Biopolymers and Polymer Precursors: Applications and Perspectives. Caister Academic Press; 2009.

4) Christensen TH, Kjeldsen P, editores. Environmental Biotechnology: Concepts and Applications. Springer; 2010.

5) Rittmann BE, McCarty PL. Environmental Biotechnology: Principles and Applications. McGraw-Hill Education; 2001.

6) Cooksey KE. Environmental Biotechnology: A Biosystems Approach. CRC Press; 2010.

7) Pandey A, Negi S, Soccol CR, et al. Biotechnology for Biofuel Production and Optimization. Elsevier; 2016.

8) Lin CSK, Hong Y, Jiang R. Sustainable Biofuels: Opportunities and Challenges. Elsevier; 2019.

9) Singh A, Pant D, Korres NE, et al. Biofuels: Production and Future Perspectives. Springer; 2019.

10) Chadwick R, editor. Encyclopedia of Applied Ethics. 2ª edição. Academic Press;

2 012.

11) Resnik DB. Environmental Health Ethics. Cambridge University Press; 2012.

12) Persson I, Sahlin N-E. The Ethics of Research Biobanking.

Springer; 2009.

13) Voigt CA, editor. Synthetic Biology. Cold Spring Harbor Laboratory Press; 2015.

14) Finkel AM. Practical Flow Cytometry in Haematology Diagnosis. John Wiley & Sons; 2 013.

15) Hames BD, Hooper NM, editores. Biochemistry. 4ª edição. Taylor & Francis; 2012.

16) Demain AL, Davies JE, Atlas RM, editores. Manual de Microbiologia Industrial e Biotecnologia. 3ª edição. ASM Press; 2010.

17) Gray NF. Biologia do Tratamento de Águas Residuais. 2ª edição. Imperial College Press; 2004.

18) Lee SY, Lee Y. Engenharia Metabólica: Principles and Methodologies. Academic Press; 2010.

19) Nielsen J, Keasling JD. Engenharia do Metabolismo Celular. Academic Press; 2016.

20) Glick BR, Patten CL. Molecular Biotechnology: Princípios e Aplicações do DNA Recombinante. ASM Press; 2017.

21) Lee JW, Lee JH. Livro-texto de Biotecnologia Industrial. CRC Press; 2013.

22) Stephanopoulos G, Aristidou AA, Nielsen J. Metabolic Engineering: Principles and Applications. Academic Press; 1998.

23) Wittmann C, Liao JC, Lee SY. Produção Microbiana de Aminoácidos. Wiley-VCH; 2017.

24) Blanch HW, Clark DS. Biochemical Engineering. CRC Press;

1997.

25) Middelberg APJ. Process Scale Bioseparations for the Biopharmaceutical Industry. CRC Press; 2006.

26) Bucke C, editor. Biotechnology: A Textbook of Industrial Microbiology. Butterworth- Heinemann; 1990.

27) Smolke CD. Synthetic Biology: Parts, Devices and Applications. Wiley; 2010.

28) Singh OV, editor. Biofuels: Production and Development. Springer; 2011.

29) Biotecnologia e Engenharia de Bioprocessos: An International Journal.

30) Journal of Industrial Microbiology & Biotechnology.

yes
I want morebooks!

Buy your books fast and straightforward online - at one of world's fastest growing online book stores! Environmentally sound due to Print-on-Demand technologies.

Buy your books online at
www.morebooks.shop

Compre os seus livros mais rápido e diretamente na internet, em uma das livrarias on-line com o maior crescimento no mundo! Produção que protege o meio ambiente através das tecnologias de impressão sob demanda.

Compre os seus livros on-line em
www.morebooks.shop

Printed by Books on Demand GmbH, Norderstedt / Germany